Collins

Big book of
Su Doku

Book
8

Published by Collins
An imprint of HarperCollins Publishers

HarperCollins Publishers
Westerhill Road
Bishopbriggs
Glasgow G64 2QT
www.harpercollins.co.uk

HarperCollins Publishers,
Macken House,
39/40 Mayor Street Upper,
Dublin 1, D01 C9W8, Ireland

10 9 8 7 6 5

All puzzles supplied by Clarity Media

ISBN 978-0-00-840394-2

Printed and bound in the UK using 100% renewable electricity at CPI Group (UK) Ltd

If you would like to comment on any aspect of this book, please contact us at the given address or online.
E-mail: puzzles@harpercollins.co.uk

facebook.com/collinsdictionary
@collinsdict

MIX
Paper | Supporting responsible forestry
FSC™ C007454

This book contains FSC™ certified paper and other controlled sources to ensure responsible forest management.

For more information visit: www.harpercollins.co.uk/green

EASY
SU DOKU

PUZZLE 1

7			5		8		9	
3							1	5
8					3	7		
1		9	3					
4	8	7	1		5	2	3	9
					7	5		1
		6	2					8
9	4							3
	1		8		4			7

PUZZLE 2

				6	1		8	4
				8		7		
2	1	8		4	7		5	9
9				7			4	
	2						9	
	6			1				2
3	5		7	2		9	6	8
		6		5				
8	7		1	9				

PUZZLE 3

	3		5	6				
	9		2		1		3	6
	1				3			
	7	5	8		2	3		
	6	3				9	1	
		9	3		6	5	8	
			1				7	
7	8		6		5		9	
				7	9		5	

PUZZLE 4

		7			3	5		
3		1	5	7				
		6		8			3	7
					7	2	8	
	2	8		4		7	1	
	7	5	8					
7	6			5		1		
				9	1	6		2
		2	7			9		

PUZZLE 5

						9	8	
	8	6			7		4	5
	3	7		4		2		6
3			5		2		7	
				1				
	4		3		8			9
6		9		8		4	2	
8	2		4			7	6	
	7	3						

PUZZLE 6

1		2		3	7	8	5	
				2				1
		8	9				7	3
	8	5						
4		3		5		7		9
						5	3	
3	2				5	9		
8				6				
	5	4	1	7		3		8

PUZZLE 7

2	5				1			
6			5					
	9		7	2	6			8
	2		3		8	1	4	
		1		7		3		
	3	6	1		4		7	
1			4	8	9		3	
					5			7
			2				5	1

PUZZLE 8

9					1	5	2	7
				9			4	1
1		7			4			8
		9				8	1	3
				8				
8	1	2				6		
7			8			4		6
4	9			1				
2	8	3	4					9

PUZZLE 9

7	1	6					8	
3					6			
		2	1	3		4		
2		9		1			6	
1		4		9		7		2
	6			2		9		8
		8		5	7	1		
			4					5
	5					8	2	7

PUZZLE 10

9	7			2	4	1	8	
							5	
8	6					2		4
	3		2	9				
4	8			1			3	2
				4	3		1	
6		2					7	5
	4							
	9	8	4	7			2	1

PUZZLE 11

	9	7			3			
2				1	7			3
4			2	6			5	
8	2		3			6	7	
				8				
	5	6			2		4	8
	7			4	1			6
5			7	2				4
			6			7	2	

PUZZLE 12

				9		2		7
	7				2		4	
		9	3		4	1	6	
					7	6		4
7		4		6		9		3
1		6	4					
	1	8	2		3	7		
	6		9				3	
3		2		8				

PUZZLE 13

		5	2			4	8	9
		6			9			5
2					4	6		7
				9	8			
6	7						9	4
			6	4				
4		7	9					3
1			3			7		
5	6	3			2	9		

PUZZLE 14

		3					6	
7			9					1
6	9	1	7			8	2	
		2	5			9		6
			1		6			
1		7			8	5		
	7	4			9	6	8	3
8					4			7
	2					1		

PUZZLE 15

4						2	8	
					2		5	
	2	3	7			4	1	
	6	9			4		7	
	4		5		7		6	
	7		3			5	4	
	3	6			8	7	2	
	5		9					
	8	7						4

PUZZLE 16

	8	5			6	3	1	
						4	6	5
			1				8	2
8			1	9				
		9	7		3	8		
				6	8			1
3	4			5				
1	9	2						
	7	8	3			1	9	

PUZZLE 17

	3					2	5	1
				2	3		9	
			6	9		7	4	
	2			3	6	9		
	9						1	
		3	9	7			2	
	7	1		6	9			
	5		7	4				
2	6	9					7	

PUZZLE 18

					2			
2		5		4			7	
9	1		6	7	8			
5			3		9	1	6	7
7	3	9	4		1			2
			7	8	4		2	6
	2			9		5		8
			2					

PUZZLE 19

8	9	5		1		3		
2	7		9	6	5		1	
5						6		
	3	1	8		6	2	5	
		7						3
	8		1	5	7		4	6
		4		8		1	2	7

PUZZLE 20

	3	8				5		
2					9			
7		4			5			1
	2	7		9	4			
4		6	7		3	8		9
			6	1		7	4	
6			4			1		8
			3					4
		2				3	6	

PUZZLE 21

			8					6
	4	8	2	6			9	
		6	5	1	4			
6	1					9		8
			4		1			
2		4					7	1
			1	9	3	6		
	6			4	2	8	1	
1					8			

PUZZLE 22

		1		8			
	6			9		8	5	
	5	8	6				3	1
				2	3	5		
	3	9				7	2	
		5	4	6				
8	9				2	4	1	
	4	3		1			7	
			7			3		

PUZZLE 23

				3				
	7	3			5			6
		9		1	6	8		7
	2			8	1	5		
	1	8				6	7	
		5	9	7			1	
6		1	7	4		3		
4			1			7	8	
				5				

PUZZLE 24

3			7	5	8		6	2
1					9	8	5	4
			5	9	3	7		8
9		8	1	2	4			
7	8	5	3					9
2	4		9	8	7			5

PUZZLE 25

				7	4			5
9		4		3		7	8	
	7		1		9			
3		1					5	2
	8						7	
7	5					8		3
			3		5		6	
	4	7		1		2		8
6			4	8				

PUZZLE 26

			2			7	8	
			8		3			1
8	3					9	2	
3				7		8	4	
	8		4		5		1	
	4	7		8				2
	5	8					3	9
1			9		2			
	7	4			8			

PUZZLE 27

4		1		6	3		9	5
					1	3		
3				8		4	1	
1						2	4	8
2	7	6						9
	1	2		5				4
		3	9					
8	5		6	1		9		3

PUZZLE 28

		2			8			
	9	6		7	5			4
5	7							
1			7	6		4	5	
	5		9		4		2	
	2	4		8	1			7
							4	1
2			1	4		9	8	
			3			7		

PUZZLE 29

6						4		7
4			7		6			
	7	5		2	4	1		
	6				2			9
5		4				2		6
2			6				3	
		6	2	8		3	5	
			9		3			1
3		2						8

PUZZLE 30

			2			3	6	
	2			7	6		4	8
6		7				9		2
			6	4			5	3
3	9			2	8			
4		3				6		1
1	5		7	6			2	
	6	2			4			

PUZZLE 31

		8		6	4			
3					8	6	9	4
		7				2		8
	7				5	1		
	2		8		7		4	
		1	4				7	
7		5				9		
1	8	3	7					5
			5	4		7		

PUZZLE 32

	2	7			3			
9	6		2	7		5		
		5		6				2
	5			9	1	6		
1								9
		2	5	8			3	
2				1		3		
		6		2	5		9	8
		8				2	1	

PUZZLE 33

8	2	7	3		1			
		1						
6	3	5	9				2	
	6						5	
7		3	6		2	9		1
	8						3	
	9				7	3	6	8
						4		
			8		4	5	7	9

36

PUZZLE 34

1	9			6		4	7	
	6	3			9	5		
	8	5		3	7			4
		9	4		5	7		
4			8	9		3	5	
		1	3			6	4	
	3	7		5			9	1

PUZZLE 35

	4			8			6	
6					7	1	2	
		7	6					
	9	4		6	1	3		2
2								6
8		3	5	9		7	1	
				5	2			
	2	8	9					1
	1		7			3		

PUZZLE 36

7	5			1				
	4	2		3			5	
		8		5	2	3		1
			5				8	7
		5				6		
9	3				6			
5		4	1	8		2		
	1			2		7	9	
				6			1	8

PUZZLE 37

6				7	3			1
		5	8					
4	8		5			6	2	
		4					9	2
2			9		5			6
9	5					7		
	4	9			1		7	5
					4	1		
5			7	9				3

PUZZLE 36

7	5			1				
	4	2		3			5	
		8		5	2	3		1
			5				8	7
		5				6		
9	3				6			
5		4	1	8		2		
	1			2		7	9	
				6			1	8

PUZZLE 37

6				7	3			1
		5	8					
4	8		5			6	2	
		4					9	2
2			9		5			6
9	5					7		
	4	9			1		7	5
					4	1		
5			7	9				3

PUZZLE 38

			5	4	9		6	
5							9	7
			7			5		8
4	2	1	9			7		
			8		2			
		9			7	1	2	6
2		7			8			
6	1							2
	9		2	7	5			

PUZZLE 39

					4			7
2	1			5				
	5		1	7		6		8
	8		6	1			3	2
4								5
3	6			4	5		7	
1		6		8	2		9	
				9			5	6
5			4					

PUZZLE 40

4		9	7				5	6
8						3	9	7
6			9			1		
		8		6	4		2	
	5		8	7		4		
		2			1			4
9	6	3						2
5	4				6	9		3

PUZZLE 41

9		7	8				2	4
3			4					7
	4		2					
		3	1	7	9			2
2								6
4			6	3	2	8		
					8		1	
1					5			3
7	9				1	6		8

PUZZLE 42

	3	1					2	
4	8		2	9		1		
	9	5	1					
			4	5		7		
8	1						5	4
		4		6	8			
				3	8	4		
		9		8	4		6	2
	4					9	7	

PUZZLE 43

7			2	8	4	5		3
1								
4		3		6	7			
	8			7	9			
		9	3		8	1		
			6	2			8	
			7	9		6		1
								8
9		2	8	4	6			7

PUZZLE 44

9	4							8
	6		7			9		
			4		8	3	6	
5		9				6	3	
	2		6		3		5	
	7	3				1		4
	3	4	8		9			
		2			7		9	
7							8	3

PUZZLE 45

1		3	2	9			7	
			8		6	2	3	
	6	7			4			2
3	5	1				7	4	9
2			7			8	6	
	1	6	5		8			
	7			2	3	5		6

PUZZLE 46

	7			9	6	5		
2			3				8	
		9	2		1		4	6
4	2					6		
	9						7	
		5					1	2
9	4		5		2	1		
	5				3			9
		3	9	1			5	

PUZZLE 47

		6	1					
2		5	6				4	7
		9		8	5	1		
5		1	8					
9		3				7		8
					6	2		9
		2	3	1		5		
8	5				4	9		1
					7	6		

PUZZLE 48

		6	5	7				
				6	8			
	8	7	9	3	2		5	
	9	8					7	5
4								3
7	3					2	4	
	5		7	1	9	8	2	
			3	8				
				2	6	5		

PUZZLE 49

	9	5		1		2		7
8		4						
7	2			9				
1			7	3		8		
5		8				1		4
		7		8	5			3
				5			3	9
						7		1
3		6		7		4	5	

PUZZLE 50

	7		5					
		9			1		3	5
3		5	6	2		7		
			7	9				
2	9		3		6		7	8
				8	2			
		3		1	7	2		6
7	5		8			1		
					5		8	

PUZZLE 51

		8	4		9	6		
				5	2		8	
6			7				5	9
7						3	1	6
5								8
9	8	6						2
1	4				8			5
	9		5	6				
		5	9		4	8		

PUZZLE 52

	5				2	6	3	
		3		4		9	2	5
			9	5				1
	3					2	5	4
5	2	4					6	
3				6	9			
8	1	2		3		4		
	9	5	2				8	

PUZZLE 53

	4	9		3	5		1	
		8				9		2
	2	8			9	5		
			7			4	8	9
4	8	2		9				
		6	4			8	9	
8		3			7			
	5		9	8		7	2	

PUZZLE 54

		7			5		3	
		8	4		1	6	7	
4							9	
6			7			2		
	8	4	2		6	7	5	
		9			3			6
	4							7
	5	2	6		8	3		
	7		1			8		

PUZZLE 55

	8	6				4	7	5
3	2			6	5			1
4				8		1		
6	1	2				5	3	8
		8		2				7
8			6	4			1	9
2	4	1				3	8	

PUZZLE 56

	4							
	1	9		7	3		2	
6			4		9		3	5
			2		4	3	5	
1								8
	5	3	8		6			
9	6		3		5			2
	3		7	6		5	4	
							1	

PUZZLE 57

					8		5	3
3	5					7	9	8
			5		3	6	2	
		5	3				7	
4								6
	2				4	5		
	3	8	6		7			
9	7	6					3	5
5	1		8					

PUZZLE 58

3		9	7					2
		6		2	3	5		
	4				1	6		
		3	2		6	9		7
9		7	3		4	2		
		4	1				2	
		2	9	4		1		
8					2	3		4

PUZZLE 59

5	4		1				3	
6		3	7		2	1		
1			3	7			4	
4	7	8				5	6	3
	3			6	8			1
		6	5		1	2		4
	5				4		8	7

PUZZLE 60

	1		8	7			6	2
7		9		6				
		4					1	
				5	8		3	9
	7		6		9		5	
9	5		4	1				
	2					1		
				2		7		4
4	9			8	5		2	

PUZZLE 61

3						1	8	
2						4		9
	4		2	9		5	3	7
		7		2	8			
6								4
			1	6		7		
5	2	1		8	7		4	
7		8						1
	6	4						8

PUZZLE 62

7	3		5	1			4	
	2				6		3	
		4	3					
	6					3	5	9
2			6		1			8
8	4	3					6	
					7	5		
	7		9				2	
	5			8	4		1	7

PUZZLE 63

				4				1
	2		9		7			
4		5	3		2		7	
	8		4	7		1		
7		3				8		6
		1		5	6		3	
	5		2		1	7		3
			7		4		1	
9				3				

PUZZLE 64

2	8		3		1		9	
	7			5	6		8	1
		1	2					
5			7			1		
			5		2			
		2			9			4
					3	7		
3	6		1	9			4	
	2		6		7		1	3

PUZZLE 65

					1	8	6	4
		4	7					
3	8							1
	3			2	7	4	8	6
			3		6			
6	2	7	8	1			3	
2							4	3
					3	9		
7	9	3	2					

PUZZLE 66

6	5	7	2		9	3		
							9	
		4	5			2		7
1			3				5	
		5	7		4	9		
	7				5			6
2		1			3	6		
	3							
		9	6		7	1	2	3

PUZZLE 67

	4	7		8	2	3		
				6		7	1	8
6							9	
		6	2			8		
1	7						2	4
		2			4	1		
	6							7
2	9	3		5				
		8	9	4		2	5	

PUZZLE 68

2								
	5	4			1			9
1	6	9					8	3
	8	1		6	7			
7	4						6	8
			2	8		1	9	
6	9					7	3	1
2			7			9	4	
							2	

PUZZLE 69

3			8		6			2
	2	9	5		3			
			1					3
9			2				3	
	4	1	7		5	8	6	
	3				8			1
5					2			
			4		7	5	2	
4			3		1			8

PUZZLE 70

	1	4	5	9				8
				7	8		4	
			1			5		7
				4		7	9	
4	5						6	3
	9	7		3				
6		2			7			
	7		2	1				
1				8	6	2	7	

PUZZLE 71

				6		7	9	8
	7			5	9			4
					7			1
6	9	8					4	
		2	3		8	9		
	4					8	1	5
8			2					
5			7	1			8	
3	2	9		8				

PUZZLE 72

3			7					
	7	2			1	6		
	5	6	2					
2			1				7	9
8	9	7				1	3	5
5	1				3			2
					6	5	9	
		5	4			3	8	
					7			1

PUZZLE 73

	6	7		1		3		5
3		9			6	8		2
8			2					
				2	7			1
	7						9	
1			8	5				
					1			8
4		1	5			9		7
7		5		9		1	2	

PUZZLE 74

6	5	4		2				1
	3	2						
	8		5				3	
1	6			5	2			7
			1		7			
	4		6	9			2	3
	1				5		9	
						7	1	
8				6		3	5	4

PUZZLE 75

	8	9	7		6	4		
					5			
7		1	4	2				
9			5	4	2			6
4								3
2			6	7	3			9
				6	9	2		7
		2						
		2	1		7	6	9	

PUZZLE 76

		6	3				8	
7		3		5	8			2
4				2		3		
	3	8	2	1	6			
			7	4	9	8	3	
		4		8				6
6			4	9		5		8
	9				7	4		

PUZZLE 77

		7				5	9	1
5	6		7				3	
	4		1					
4	5				1	7		
9		3				1		5
		2	5				6	3
					5		7	
	9				7		1	2
7	2	4				9		

PUZZLE 78

							6	
3		5	1			4		
	9	8	6					
	8	2	3		7			4
5		3	8		6	2		1
1			2		5	3	7	
					1	5	4	
		4			3	1		7
	5							

PUZZLE 79

					8			
9	2	5				6		
4	8	6	5	2			1	
	3	8						6
		1	2		5	8		
5						2	7	
	9			5	1	3	8	2
		2				1	9	4
			3					

PUZZLE 80

2			7	1	8			5
				5				
		9	6	2			1	
3		5		9	2		6	
	7						2	
	2		4	7		5		3
	9			3	7	2		
				8				
8			5	4	9			1

PUZZLE 81

6					9			
	3		4	6				
9		4			2	6		
7		9	6	1			8	
	4		8		7		9	
	6			4	3	1		7
		2	5			4		3
				9	6		1	
			3					9

PUZZLE 82

1				8				2
7	5				2			1
4	3				1	5		
			2				1	
2		6	3		7	8		5
	4				5			
		3	7				9	4
6			4				5	3
5				3				6

PUZZLE 83

					5			
		5		3	4		6	
		3	8			5	4	9
8					2	3	5	
3		4				6		8
	5	6	3					4
7	6	9			3	8		
	3		6	8		4		
			9					

PUZZLE 84

		3		9	4	5		8
	2		7					
4		9		8		6		
	1	4		3				
8			5		1			9
				4		1	8	
		6		2		9		1
					3		4	
3		1	9	6		7		

PUZZLE 85

9		4			8	5		7
	7							2
	3		5			1	9	
2	9			3		6		
			9		7			
		5		6			3	9
	5	9			3		7	
7							2	
6		3	7			9		1

PUZZLE 86

	6		5	7				4
8		5		3		1		6
	9	4		6				
		7					9	5
4								2
6	5					4		
				1		2	3	
9		8		2		5		1
1				5	9		4	

PUZZLE 87

			4	8			2	5
					2	1	6	9
					9	8	4	
			2			1		
8	7		6		3		9	2
	5			9				
	1	6	8					
7	2	5	9					
4	8			6	1			

PUZZLE 88

5			4	6			3	1
								7
		3					5	
	4	1	6		2		9	5
	2		1		5		7	
6	3		7		8	2	1	
	5				7			
2								
3	1			2	4			9

PUZZLE 89

	2		4		9		7	
3				2				
5				6	1		8	
8	3			1		4		
		4	3		6	9		
		1		8			3	7
	8		1	9				5
				4				1
	1		8		2		4	

PUZZLE 90

		4		7		3	6	5
	8	2		3		9		
		3	1				8	
					5	1		
	7	5				8	2	
		1	6					
	1				2	5		
		6		5		7	1	
5	3	8		1		6		

PUZZLE 91

		4		3				
9	7		6			3	4	1
3	5		8					9
1					3			
		9	4		7	5		
			9					7
4					5		7	3
7	6	3			8		9	5
				7		4		

PUZZLE 92

					2	7		
		7	4	3			2	5
1	4			7	5			
	3			2		6		7
	1						8	
2		6		4			3	
			7	8			6	2
8	2			5	9	4		
		4	2					

95

PUZZLE 93

	5		9	2		8		
			8	4		5	1	2
					5			
3	4					6	5	
5	2						3	7
	7	8					2	1
			5					
8	3	7		9	6			
		5		8	1		6	

PUZZLE 94

5	4		1				7	
		2	6	7		8		4
		1	8	4				5
	7			1				
		9				1		
				9			4	
2				6	1	7		
8		4		5	7	2		
	5				2		3	1

PUZZLE 95

				4	9	7		3
1				8		5	6	
9		7	6		5			4
					8			7
		9				4		
7			3					
4			7		1	2		5
	6	8		2				1
2		1	8	5				

PUZZLE 96

1				8		6	4	5
5			1				3	8
8	4							
	2				8	5		
7			6		9			4
		8	2				9	
							1	6
3	5				1			2
9	8	1		6				3

PUZZLE 97

3			8					
		1			5	9		3
			4		6		5	8
	3		9					
2	9	4	6		3	8	7	1
					8		3	
4	2		3		7			
8		7	1			3		
					9			4

PUZZLE 98

			2					9
	3	8	7		6		2	5
7	1	2					6	
3	7	9		5				
				2		5	9	1
	9					6	5	8
2	8		4		5	3	1	
1					3			

PUZZLE 99

6		3	9		8	2	1	
	2		3	1				9
1							3	
				2				
3		8	1		7	4		2
			4					
	1							6
7				2	1		9	
	8	2	6		9	1		7

PUZZLE 100

			9				6	4
			4	6				
3	4			2		9	5	
	6					5	1	2
4	1						8	9
9	2	8					3	
	8	1		4			2	5
				8	1			
2	3				6			

MEDIUM
SU DOKU

PUZZLE 101

	9			3		1		
				7		4	5	
		7					6	
2			6	4				
1			9		7			4
				5	3			1
	5					3		
	1	8		2				
		6		1			7	

PUZZLE 102

					2		1	
			9		1	7	3	
							5	8
9	5				8			3
	3			7			8	
6			4				7	5
5	6							
	9	2	3		5			
	7		6					

PUZZLE 103

		8				5		3
					8			9
2	9			5				4
8					6			
3		1	2		5	4		8
			3					1
4				7			3	2
7			8					
5		3				8		

PUZZLE 104

		6			4	8	7	
				8				5
					1		3	4
7	6				9			
	5						2	
			2				4	3
6	2		9					
1				6				
	9	5	7			2		

PUZZLE 105

4	9				3	6		
	8							
					9	1		7
			2	5			6	
		2	3		6	7		
	3		1	4				
9		6	5					
							4	
		4	6				2	5

PUZZLE 106

	3				6			4
	9	5			3			
2								
9			8			4	3	
	5	8				7	1	
	1	4			9			6
								1
			4			8	9	
4			5				2	

PUZZLE 107

	6	7		3			1	
			4					7
2			1				5	3
5		2		9				
				2		1		4
9	2				3			1
7					4			
	3			8		7	9	

PUZZLE 108

6			1	3				7
2							4	
	1		2		6			3
3							9	
			8		7			
	2							1
9			7		3		8	
	7							9
8				6	1			5

PUZZLE 109

	9	5			4	6		
	7			8				
		1	6	3				
	3					9		
9			3		7			4
		2					5	
			6	9	7			
			4			2		
		9	2			3	8	

PUZZLE 110

9				4		6	2	
6	8							1
		1	2					
5			9		4		6	
	1						5	
	9		1		2			3
					7	5		
2							7	6
	7	8		3				2

PUZZLE 111

								8
					4	7	1	
		3	8	2			4	
5				8				1
2	1						9	4
3				9				7
	5			6	7	4		
	2	4	5					
8								

PUZZLE 112

			3	7		6	5	
3	4				5			
								9
7		8					4	
		6	5		9	8		
	2					9		1
2								
			7				6	5
	7	9		5	1			

PUZZLE 113

	6		7					
		2						1
5	3					7	9	
9		6		2				8
				1				
7				3		9		4
	2	7					4	9
1						8		
					6		7	

PUZZLE 114

			5					8
		9		7	1	2		
1								6
9	4							
2	5	7				3	8	9
							6	4
5								3
		2	6	3		5		
3					2			

PUZZLE 115

		6	4					
		4		5			7	
7		1	9	2			3	
	3		2					1
			5		9			
4					1		6	
	6			3	2	7		5
	7			6		2		
					5	8		

PUZZLE 116

2		6				5		
					7		9	
5			3					
		7		1			4	
	9	1				6	7	
	4			5		8		
					3			4
	3		8					
		4				7		8

PUZZLE 117

2								
		7	6		4		9	
	9	6	7					4
1				2				5
			5	1	6			
9				4				3
4					8	5	3	
	8		9		5	7		
								6

PUZZLE 118

		3	5				2	
								9
4	5			7		1	3	
	7			2	9		5	1
3	9		8	1			4	
	3	6		9			1	2
1								
	8				5	3		

PUZZLE 119

4			7		3	9		
8	2							
			8					
	8						5	1
2		9		5		6		4
1	5						2	
					8			
							4	5
		7	2		5			6

PUZZLE 120

			2	3	1			9
	8				5	7		
3		6				1		
			5					4
			8		6			
6					7			
		7				2		5
		3	1				9	
5			9	7	2			

PUZZLE 121

		5		4		8	6
				9	2		
1						4	
	3		7		1	2	4
2	8	4		3		5	
	4						3
		7	4				
9	6		2		4		

PUZZLE 122

		8			7			3
			2					
	2		6			1	9	
	6				9	4		5
		2				6		
9		5	8				1	
	1	7			8		6	
					5			
3			7			8		

PUZZLE 123

	5							
6				5	9	1		
	1		6			7		5
	3			9	6			8
1								3
8			3	2			4	
3		6			5		1	
		5	8	6				2
							5	

PUZZLE 124

4	9		5					
	8					9	4	
					1			
5			1					2
9		7	4		5	3		1
6					9			5
			2					
	6	1					3	
					3		1	7

PUZZLE 125

						2	7	
6		1						
	9		8	6				1
4				1	3	5		8
				4				
7		3	9	8				2
3				2	1		6	
						1		3
	8	5						

PUZZLE 126

	6			9				
8	9		7		4		6	
		7						
				1	8		9	
1	8		6		9		4	2
	2		4	5				
						9		
	4		8		3		1	6
				6			7	

PUZZLE 127

2			8				6	
	6							
5	7				1		2	
				2	1			3
	9			1			4	
7		8	4					
	8		5				7	9
							3	
	3				7			4

PUZZLE 128

6			1				2	
7					5			
2					4	5		
		8	2	4		9		
		6				4		
		4		9	1	3		
		3	4					8
			5					3
	5				3			6

PUZZLE 129

1					7			2
			5					
7	5		3					
	6		8		5	2		4
	9	1				5	6	
5		8	6		1		3	
					3		8	1
					4			
2			9					3

PUZZLE 130

		8			1			
	1	2		8			7	
9	6						8	
		7		9	5			
4								6
			7	3		9		
	2						6	1
	7			6		4	5	
			8			2		

PUZZLE 131

			9	4			2	1
		4			5			
					2	6	5	
			3	9	1		7	5
1	5		4	6	8			
	4	9	5					
			1			3		
7	1			2	9			

PUZZLE 132

		9		4	8			
		4			2		8	9
3		8					5	
4						8		
	6			9			3	
		1						2
	8					6		1
9	7		6			5		
			8	2		7		

PUZZLE 133

1	7							
	6			7				4
2	5				6	7		
	2		7		9	5		
9								7
		7	3		8		6	
		8	1				7	5
7			9				4	
							9	8

PUZZLE 134

		8	3		5		1	
				1	8	2		
		3	9					6
7						5	2	
	8						9	
	6	2						4
2					6	7		
		5	4	8				
	4		2		7	1		

PUZZLE 135

		5		4			8	
	2	4					3	
		8	7		1			
2					6	5		
5			9		4			1
		7	5					3
			2		3	9		
	5					3	6	
	3			8		7		

PUZZLE 136

					8	2		
			9		2	5		7
2			3				8	6
5			4			8	7	
	9	7			6			3
1	7				3			9
9		3	5		4			
		2	6					

PUZZLE 137

8	6							
		3		7		4	8	
	4		8			6		
1			5					
6		5	2		7	8		9
					3			5
		7			2		6	
	1	6		8		7		
							3	2

PUZZLE 138

8	1			9				
6		9	8		4			
2		3	6					
5	9					3		
		1				2		
		2					9	6
					7	6		5
			5		8	7		2
				1			3	8

PUZZLE 139

			6		4		5	
1						2		
					8	9	7	
8		1		5			6	
	4						9	
	7			2		4		5
	8	9	5					
		6						9
	1		7		2			

PUZZLE 140

				8				1
		3			5			
1		5	9				6	
		9	5	6	1			4
5			8	9	3	2		
	2				6	4		8
			4			6		
3				1				

PUZZLE 141

	6	3		1	8	4		
7				9				3
			7			9	8	
								4
4			9		6			2
5								
	9	8			1			
3				7				8
		7	8	2		3	5	

PUZZLE 142

				4				
		2	7	1		8		9
9		3			8			
	4				2		9	
6		1				2		3
	2		8				4	
			5			9		6
2		6		3	1	5		
				8				

PUZZLE 141

	6	3		1	8	4		
7				9				3
			7			9	8	
								4
4			9		6			2
5								
	9	8			1			
3				7				8
		7	8	2		3	5	

PUZZLE 142

				4				
		2	7	1		8		9
9		3			8			
	4				2		9	
6		1				2		3
	2		8				4	
			5			9		6
2		6		3	1	5		
				8				

PUZZLE 143

7				4		6		
	4		2				8	1
	2		6		1			
1	3							7
			4		2			
2							1	8
			3		9		5	
9	5				7		4	
		1		6				9

PUZZLE 144

1	3			8				
		2			4		8	
9	8		2	1				
7		3						2
	1						5	
4						3		7
				5	2		7	4
	5		4			6		
				6			3	5

PUZZLE 145

					9	7		
	8	7	1			3	9	
9								
3		1	5	9				2
		8				9		
5				2	4	1		7
								6
	1	2			8	4	7	
		4	9					

PUZZLE 146

					9		1	4
2			7			5		
			2				7	
		5		3		6	8	
		1	9		5	7		
	8	9		7		1		
	3				1			
		8			7			5
9	5		4					

PUZZLE 147

	4				1	2	9	
		6		9	5			4
9							8	2
2	8		9		4		1	6
3	6							7
5			8	7		4		
	9	2	1				7	

PUZZLE 148

		4				8		2
5			9		2		7	
							3	5
				9		5		7
		7	8		6	4		
1		6		4				
4	7							
	2		5		3			8
8		5				1		

PUZZLE 149

3			4		2		9	
5	6							8
			5				3	
			1	7				
	2	7		9		8	1	
				3	4			
	5				1			
7							4	9
	8		7		3			5

PUZZLE 150

	3					4		
	6	1					3	
		8	9		4			
1	7				3			
			2	8	1			
			7				2	9
			1		2	8		
	8					3	6	
		9					5	

PUZZLE 151

		9	1	5				8
3	1		6		8			
				3				5
	6	8					3	
		4				2		
	2					1	4	
6				7				
			5		6		7	4
4				8	9	6		

PUZZLE 152

		9	7					5
				8				
		4	3		2	1	8	
4	5			3			2	
			2		1			
	2			5			7	9
	8	6	1		5	4		
				4				
7					3	5		

PUZZLE 153

		6			9			
9			2		7	5		
	7		8			1	4	
	1				6	9		
5								6
		8	7				5	
	8	4			2		3	
		9	6		1			4
			4			2		

PUZZLE 154

	1					7	2	9
2					3			
			1	7			6	
						4		
9		4	7		8	5		3
		1						
	5			9	6			
			4					8
4	9	3					7	

PUZZLE 155

7			3	2				6
		4			5			
	3	9		4		8		
		3					7	
2								1
	7					2		
		7		6		9	8	
		2				6		
4				5	9			3

PUZZLE 156

	6			4				1
			8					
3			6		9			4
2	5						1	3
	7			6			8	
4	3						9	7
8			7		2			6
					1			
1				3			2	

PUZZLE 157

5	4				2			
6		3					4	7
	2				6			
	5	6		2				
2			4		9			1
				5		7	2	
			2				8	
4	1					9		2
			1				7	6

PUZZLE 158

		2						7
				8	3		4	
	6	3			4	2		
8					9			1
	3			6			9	
5			4					3
		9	1			6	2	
	5		3	2				
2						7		

PUZZLE 159

	9				2			1
4		7		5	6			
8				1		5		4
						4	5	2
7	3	1						
6		9		8				7
			1	9		6		5
1			6				3	

PUZZLE 160

	2		6		1	8		
8	7				9			
		9		4				
			7				4	
	1	6		2		7	9	
	9				6			
				6		3		
			9				8	7
		3	1		7		5	

PUZZLE 161

8		3						7
				2			1	
	1	6	7	8				
6	3				5	9		
				9				
		9	3				5	2
				3	1	2	7	
	7		2					
2						6		4

PUZZLE 162

			3				8	2
2				4		1		6
					8	7		5
1			8			4		
		9				8		
		5			1			7
3		7	4					
5		2		8				4
4	9				5			

PUZZLE 163

		6		8		2	4	
				1		7	5	6
			2			1		
					8	5		
3		8				4		7
		9	6					
		3			2			
6	1	7		5				
	2	5		7		9		

PUZZLE 164

	8	4						1
6			3	2				
9	2					6		
			2					9
	9	1				5	3	
7					1			
		8					9	6
				6	2			3
2						4	8	

PUZZLE 165

					9		6	1
			4	1		8		
8					2		4	7
5	7							4
		4				9		
3							1	5
4	8		9					3
		7		8	5			
6	3		1					

PUZZLE 166

8	1	9			4		2	5
5				1		8		
3								
	9		2			3		4
1		3			7		9	
								9
		5		6				3
6	8		3			5	1	2

PUZZLE 167

		9	2					7
			1			4		5
	5			3	4			
			9			3		
9	1						5	6
		2			8			
			4	1			6	
3		6			9			
2					7	5		

PUZZLE 168

1	2	5			8	3		
			3			5	2	
3				7				1
		4					8	
2								9
	8					2		
9				2				6
	1	2			4			
		8	9			7	3	2

PUZZLE 169

	9		8			4	6	
			2			7		
					1	9		
		2					7	5
	7			5			1	
8	6					2		
		7	6					
		8			9			
	5	6			3		9	

PUZZLE 170

9	8			4				
					8	2	5	
7	2							
		4	3					1
1	3						7	2
2					1	9		
							1	5
	6	7	1					
				6			9	3

PUZZLE 171

			7		4		1	
					8	3		
			1			8		
9						5	3	4
		8				6		
4	2	3						7
		6			5			
		2	3					
	1		2		9			

PUZZLE 172

		2			9		7	
		7	4				8	
						6	9	5
					5			7
	8	5				2	3	
4			2					
3	2	4						
	5				4	3		
	9		6			8		

PUZZLE 173

							5	
	2				8			6
	4		1		6			3
	9					5		4
	5		8		4		3	
1		4					7	
7			9		2		6	
2			4				9	
	6							

PUZZLE 174

7			4		8			
		6	1					
	9	1	6	7			5	
		2				6		
1		4				7		3
		3				5		
	4			1	3	9	2	
					4	1		
			7		9			6

PUZZLE 175

5			9					2
	7		1			3	9	
	9			5				
			5	3			1	
3				6				4
	5			8	4			
				1			6	
	6	1			8		5	
4					2			9

PUZZLE 176

	8		3	2	5	1		
4			8					5
						3		
5							9	
		3	2		1	7		
	6							3
		4						
1					3			4
		2	9	7	4		6	

PUZZLE 177

		8	2			3		
					9	8	4	7
	1				5			
3			8			7		
8		6				1		4
		7			2			5
			9				1	
5	8	2	6					
		1			8	5		

PUZZLE 178

		6		7	8	5	3	
8				9	6			
						2		
4	5							
7			3		5			2
							9	5
		4						
			6	8				4
	8	3	1	2		6		

PUZZLE 179

			5	9		3	2	
2	6		7					
8								5
	5	2	9					
	9		8		2		7	
					4	6	9	
9								7
					7		4	1
	7	1		2	9			

PUZZLE 180

	9	1		7		6		
4		8		6			1	
			5					
1		4			6			7
5			8			2		6
					9			
	3			5		1		8
		2		8		9	5	

PUZZLE 181

				4				2
					3		1	
		8	7			5		9
		4		5	6	1	8	
				9				
	3	5	1	7		2		
4		1			5	7		
	2		8					
8				1				

PUZZLE 182

			3				9	
	4	9				5		
	8				5	7		4
				2	3	6		
		4	5		8	1		
	7	3	9					
8		2	6				5	
		7				6	2	
	5				9			

PUZZLE 183

4	3		9					
			7	3	5	9		
7				8	2			
						7	1	2
2								3
8	1	7						
			8	9				7
		9	6	5	4			
					7		3	9

PUZZLE 184

			1		6			4
				9			2	
1		6	5		4			9
					9	5	7	
		8				2		
	5	9	8					
9			7		5	4		2
	2			4				
8			9		2			

PUZZLE 185

8				2	1			
		1			3		2	
5		2	7	6				
		8				7	9	
9								1
	2	7				5		
				7	2	9		3
	5		1			2		
			6	8				7

PUZZLE 186

	6	4		1				
		1					8	
	3		9	8				
3				5	4			7
1		8				4		3
7			1	2				8
				7	1		9	
	1					7		
				9		8	2	

PUZZLE 187

		2		9			
		4					
8	5		7		9		
	2	7	3			8	
4	1	5		8		7	6
7		1		6		2	
	3	8			1		9
			4				
		6		5			

PUZZLE 188

	8					5		
								1
2		5		4				3
		3	7	5				2
	7		2		6		9	
1				3	8	6		
4				6		1		9
3								
		7					6	

PUZZLE 189

					9		
			1				4	5
8	7	6						3
	8			2		4		
	4		5		8		2	
		2		4			6	
5						6	3	1
3	2				1			
		1						

PUZZLE 190

5					2	3		
1			7	8				
2	4				3			
		2			7	8	5	
	9	7	8			6		
			5				3	6
				3	4			8
		4	9					1

PUZZLE 191

1	2		6					
					2			4
4				9			7	
2		4					9	
6		1	4		7	3		5
	3					4		6
	5			6				3
8			5					
					8		5	9

PUZZLE 192

6			5		3		9	4
			9					8
		4					1	
3	1			7				
		9		2		8		
				3			5	1
	6					7		
1				6				
4	5		7		2			6

PUZZLE 193

		5	7		1		
	3	4					
			2		5		
1	5			8		3	
	7		9		3		2
		2		4			1	8
			7		1		
						5	9
		7		6		8	

PUZZLE 194

			2		3			9
		7				6		
2	4				5			
5		4						
	1		9		8		5	
						3		8
			1				7	6
		3				2		
4			8		7			

PUZZLE 195

	1					4		9
5		4			7			
	9		8			7		
			6				5	4
6				1				8
2	4				9			
		2			5		4	
			9			5		6
9		1					7	

PUZZLE 196

				8		6		3
		4			7			2
5					3	9	4	
			7	4			9	
		5				4		
	4			9	2			
	3	7	9					6
2			8			7		
4		6		7				

PUZZLE 197

	2			6	9			
			1		2	9		4
						2	3	
7						1		2
		2	9		7	6		
6		8						3
	6	4						
1		5	2		4			
			7	1			2	

PUZZLE 198

			7					2
		9		1				
7	6				9	8		
	7	6	1	8			4	
		5				1		
	1			6	3	9	7	
		1	2				3	9
				4		7		
8					1			

PUZZLE 199

			6			3	8	
		6						1
		5		7	4			
2		7			6		1	
	4						7	
	8		5			2		4
			7	5		4		
1						9		
	6	8			2			

PUZZLE 200

	7						6	
		8			5			
			9		4		7	1
7	5		4			3		
		3				7		
		6			1		9	2
8	9		1		7			
			8			1		
	3						2	

DIFFICULT
SU DOKU

PUZZLE 201

2	9				4	5		1
	8		3	5		2		
	3							
9	6							3
				1				
1							5	8
							6	
		6		3	5		1	
3		5	6				7	4

PUZZLE 202

7				1				8
	6	1		3	7	9		
	5							
4	1		8					2
				7				
6					3		4	7
							9	
		8	5	6		4	2	
1				4				6

PUZZLE 203

						5	6	
	8		4					9
7				6	3		4	
	4			5	9			
5				8				3
			1	3			5	
	2		6	4				8
4					8		2	
	7	3						

PUZZLE 204

8	1	2			7			
		5			4		8	
			9					7
3		4			9	8		
				6				
		1	4			9		2
1					3			
	5		8			3		
			7			6	4	1

PUZZLE 205

4			6		1			9
		1	9	4				
	9							2
	6	7					5	
		5				4		
	8					7	6	
5							9	
				9	4	5		
6			3		8			4

PUZZLE 206

8		9		4		6		
	4		6					
3							9	1
		8		9	4			
	7						8	
			7	1		2		
7	9							5
					5		6	
		6		3		7		8

PUZZLE 207

2								9
	9			5	8		3	
		3	1					
8				4			9	5
	7						1	
5	3			7				4
					6	2		
	2		3	8			6	
9								7

PUZZLE 208

9		1	6	8			4	
5	8			7				
			9			5		
	1				3			
8								7
			4				1	
		5			2			
				3			8	1
	9			4	6	3		2

PUZZLE 209

				4				3
		3				7	8	
	6				8		5	
8		9			2			
		2	4		6	1		
			5			2		7
	2		8				6	
	1	8				9		
5				2				

PUZZLE 210

			9	1		6		
			4		6		9	2
						5		
	9	2						4
7		8				1		3
1						9	7	
		6						
5	8		1		9			
		1		3	5			

PUZZLE 211

							2	
	2	7				3		
	5		7	9				6
1					5			
9			2	1	7			5
			6					3
5				4	8		7	
		8				4	3	
	6							

PUZZLE 212

			4		9			5
7	8	9						
							8	6
5			2			7		
	9						3	
		7			6			2
9	1							
						2	5	8
8			7		2			

PUZZLE 213

		7			9			8
2			7					
	5		6			9		
						1		2
		4	1		5	7		
7		8						
		3			8		6	
					4			3
8			2			4		

PUZZLE 214

		9		5		4		
2					4			7
	8		2		9			1
6	4							
		1		3		9		
							5	4
9			8		7		4	
8			6					5
		6		4		3		

PUZZLE 215

	7	6						
3		1		9				
8		4			6		7	
5		3			8			
		7		1		9		
			4			5		1
	6		2			7		4
				6		2		5
						8	6	

PUZZLE 216

	7			5		8		
	8		3		2		5	
		3					7	6
						5		9
2				8				1
3		9						
4	3					7		
	1		6		8		3	
		5		3			1	

PUZZLE 217

	3							
				3		7	6	
1		8	9		7			
5			6	8			1	
	4						3	
	2			7	1			9
			7		6	3		8
	8	9		1				
							5	

PUZZLE 218

		1			2			3
	3		1	5				
9		8						
1	8			7		6	4	
	9	6		4			8	5
						9		4
				9	8		5	
7			2			8		

PUZZLE 219

2			4				5	
	4	9						7
				7			3	
			7				2	4
	7	3				8	1	
1	2				3			
	1			5				
8						1	6	
	3				6			5

PUZZLE 220

		9			8			
8	3		4		5			
		4						
3	9						1	
	5	8	3		7	2	6	
	2						7	4
						5		
			1		6		8	3
			8		6			

PUZZLE 221

3			5		4			
	5			3	6	8		
							9	
5			4			9		
		3		1		6		
		2			5			8
	3							
		7	6	4			1	
			8		9			4

PUZZLE 222

	8		5					
4								9
				9	6		1	
3		2	8					
		1				2		
					3	1		6
	4		1	2				
7								8
					7		9	

PUZZLE 223

	9				4		7	
8								6
		3		8	7	1		2
		4			8		5	
				6				
	2		3			7		
5		2	8	9		4		
4								9
	6		4				1	

PUZZLE 224

5			4			1		
			1				3	
				3		9	2	
6	2				1	3		
	3			7			8	
		5	2				9	1
	9	8		1				
	5				6			
		4			5			3

PUZZLE 225

		3			8	9		
9			4	5		7		
5						8		
4				1	3			
	3			4			8	
			8	6				4
		9						5
		4		3	6			8
		1	2			4		

PUZZLE 226

3					4		6	
	4		8			1		
7						9		
6					5			
	5	1	3		8	7	9	
			7					4
		2						9
		8			3		5	
	6		1					2

PUZZLE 227

	4				2		8	
			5	3		2	9	
		2		9		5		
2						6	5	
	7	4						8
		5		8		9		
	6	3		2	7			
	8		1				6	

PUZZLE 228

	4					9		5
		2		6			1	3
	9		4					2
		9			2			
			1		7			
			5			3		
8					3		4	
5	7			8		6		
9		3					2	

PUZZLE 229

						7	9	
	1				9			5
				3	8	2		4
3	4							
		9	8		6	1		
							5	7
2		6	4	5				
4			2				6	
	7	8						

PUZZLE 230

	9	8		7				6
		4	2		8			
7								
				6		2		
2		3	8		4	9		5
		7		3				
								9
			3		5	7		
4				2		6	5	

PUZZLE 231

						4	5	
			4	6				1
4		3					2	
	8			3				2
		6	7		2	5		
1				9			3	
	7					6		8
5				7	1			
	3	4						

PUZZLE 232

8	7			2		9		
		9	7					3
	1			8			5	
3			5					
	5						7	
					4			6
	8			3			4	
2					6	8		
		1		4			9	2

PUZZLE 233

2	1							8
3		9		2	1			
					3			
	6	4		1				
		7	2		5	1		
				8		5	7	
			5					
			4	7		6		9
6							2	4

PUZZLE 234

					1		3	
	2	7		4				1
1	4	5						8
	6			5				
			6		9			
				2			1	
4						7	8	3
2				8		5	6	
	5		4					

PUZZLE 235

			2				1	
		4		1			6	
9			4			2		5
	4				2			
3			5		7			4
			6				5	
6		8			5			1
	3			2		9		
	7				8			

PUZZLE 236

	2						6	
9			8			3		
		1					9	5
4	6		9					
		7		1		4		
				6			2	3
7	8					2		
		3			2			9
	4						8	

PUZZLE 237

			4			3		1
9	3			7		2		
				2				
7		2					9	
			8	3	7			
	8					4		6
				1				
		9		6			5	4
3		7			5			

PUZZLE 238

				9	7			8
	1							
2					5		3	6
4		1				2		
	5						6	
		8				7		4
5	6		2					7
							4	
9			1	4				

PUZZLE 239

			4			7		5
		3					8	
			7			3		
	2		8	6			3	
4		5				6		1
	1			7	4		2	
		9			7			
	5					1		
2		4			6			

PUZZLE 240

	1	9	3				7	
		2				3		
5				9	8			
			5			6		
	2	1				9	5	
		6			4			
			7	1				8
		4				7		
	9				2	1	3	

PUZZLE 241

		6			7	2		3
					2		8	
5	9						1	
3					1	5		
			3		4			
		8	7					2
	1						4	9
	6		2					
8		5	1			6		

PUZZLE 242

		1			6			
		3		5				
8	5		1			9		
2				7	1	6		8
7		6	3	2				1
		2			9		5	6
				8		7		
			6			3		

PUZZLE 243

2		9	1	5				
	4		8					3
		5	2				6	9
		1				3		
4	2				5	7		
5					8		1	
			3	2	6			4

PUZZLE 244

					5		6	
	9	6		4			2	
					3	7		5
	4			2		6	1	
				1				
	8	5		7			4	
9		7	6					
	6			5		2	7	
	5		1					

PUZZLE 245

	7	2		4		5		
	5		8	2				9
		6			4			1
	8		3		5		7	
5			9			3		
4				9	2		8	
		1		5		6	3	

PUZZLE 246

							5	2
4			7				3	
7	2		8	3				
		8		1			7	
2								9
	6			9		8		
				2	5		1	4
	9				4			7
3	4							

PUZZLE 247

			4			8	5	
			2					4
		9		6	1			
	2	7					8	
8	4						7	5
	3					6	4	
			7	8		3		
1					4			
	9	3			6			

PUZZLE 248

			8				4	6
		6			4	2		
	7		2					9
	8		4				2	
4								1
	1				5		3	
5					8		6	
		7	9			3		
3	6				1			

PUZZLE 249

	9	5	7	2		8		6
		3	4	9				
8	4				9			2
6			8				5	1
				6	4	3		
1		6		8	5	2	4	

PUZZLE 250

					6	1	8	2
		8			7		9	
			3			6		
			6			5		4
	1						2	
2		3			9			
		6			5			
	2		7			8		
4	7	5	1					

PUZZLE 251

8				6		3		4
							9	
3		9			2	7		
		5			1		2	
	9		6			5		
		4	2			8		7
	5							
1		2		8				3

PUZZLE 252

					2	4		
	4	6	8			5		
5								
1	5		4		6		9	
3								4
	7		9		3		1	2
								8
		3			7	2	6	
		1	2					

PUZZLE 253

			5	9				
	9				7	5		
	6	3						2
		1		3			4	
7			8		1			9
	3			2		1		
9						6	3	
		6	9				5	
				4	6			

PUZZLE 254

	4	9	2					
				8	5		2	
2		3	7					
		1				7	3	
	2						5	
	7	4				1		
					4	8		9
	9		5	6				
					7	5	1	

PUZZLE 255

3			7		5			
	5			1	4			
4						6		
						2	4	
6		7	2		9	5		8
	4	5						
		8						4
			5	2			9	
			4		1			7

PUZZLE 256

		5				3		
	3		2		1		9	
					4			8
	7					2	6	
	4		9		3		5	
	6	8					1	
2			4					
	5		6		9		3	
		7				1		

PUZZLE 257

		9	8			5		
	3			5				
8			3		1			4
				8	9			
1								7
			7	6				
4			6		8			3
				1			5	
		3			2	9		

PUZZLE 258

8				3		6		
			2				4	5
			8		1		3	9
						5	6	
3				6				4
	5	9						
2	8		1		9			
7	1				8			
		3		2				8

PUZZLE 259

			8			7		4
	4				6		3	
8						5	9	
6			3				5	
		2		5		4		
	1				7			9
	6	9						1
	2		6				4	
4		1		9				

PUZZLE 260

8						5		
5	2				4			6
						8		1
		1		3				
9	8		7		1		3	5
			9			6		
2		4						
7			6				8	2
		8						3

PUZZLE 261

3	2	1		9				
5								
		6	8			9		5
6				2				
9		3				2		4
				8				1
2		7			5	1		
								3
				4		5	7	2

PUZZLE 262

8			3	9				
	1					4		
	7	3	6					
		9	7				6	
3								4
	5				4	1		
					6	2	1	
		7					5	
				8	3			9

PUZZLE 263

2					8	4		
			6	4				
9	1		7					
		9					3	
6	8						7	9
	7					5		
					3		8	6
				5	7			
		2	9					7

PUZZLE 264

		4	2		3		6	9
	8							
9					6		5	3
	3				7			1
			3					
7			6				2	
8	9		1					2
							7	
2	5		3		4	9		

PUZZLE 265

		9			6		5	
	3	4	8			5	7	
8						3		
			2	8				
	7						9	
				6	3			
		6						1
		5	4		8	2	3	
	4		6			9		

PUZZLE 266

	7			9	6			
6		2						
5			2		1	6		
		1			3		8	
7				2				1
	4		5			3		
		8	1		2			5
						9		2
			3	5			4	

PUZZLE 267

	1	2			5			
		5	4				6	
		9	1					8
		7	9					
8		1		6		7		9
					1	4		
2					8	3		
	7				3	8		
			2			6	5	

PUZZLE 268

	7		6		1			
		9	3					
		4	7			8		5
		6			2			7
	2						9	
3			8			1		
9		1			7	6		
					6	5		
			5		8		2	

PUZZLE 269

2								8
	8				6		3	
		9			2	5		4
			8					9
	1						2	
3					1			
6		4	5			7		
	2		4				8	
9								1

PUZZLE 270

							9	7
1							5	
	2		3	6		8		
	4				3	5		
		2	4		6	7		
		7	9				6	
		1		8	7		2	
	7							8
3	8							

PUZZLE 271

		8		1	7			
4		6			3			
	2	1	8					
5							4	
8	6						7	9
	1							6
					8	2	9	
			1			8		3
			5	2		7		

PUZZLE 272

	4			5		3	6	8
	8	9					4	
			6					
9						7		
			9	7	2			
		5						9
					7			
	3					1	8	
8	1	2		6			9	

PUZZLE 273

	2		4					
	7		1		5			
		9		2			7	
9		3			7			4
8			2			7		1
	5			6		4		
			7		9		2	
					1		3	

PUZZLE 274

7	6		3					
4				5			9	
		2			8			3
1								
	7		1		6		4	
								1
2			6			1		
	3			4				8
					9		7	4

PUZZLE 275

	6	3					8	
			6			4		
			9				2	7
	4		8			1		
5								9
		9			1		4	
1	9				3			
		7			4			
	8					2	6	

PUZZLE 276

			4			1		2
	2			1				
6			2				9	
5					1	8		
2		8				6		9
		6	7					5
	4				7			3
				4			6	
8		5			3			

PUZZLE 277

				3				
1		3			2			
2		6						1
3		1	4	5				6
9								5
4				6	7	3		8
6						8		7
			8			5		4
				4				

PUZZLE 278

					7			5
8		4			6			
	6			4			9	
				3		5	2	
	4		8		5		1	
	5	3		1				
	7			5			3	
			6			2		9
3			9					

PUZZLE 279

					5			2
		8		2				9
	2						8	
	3	9		6		1		5
				1				
6		5		4		3	2	
	6						4	
8				7		6		
1			9					

PUZZLE 280

	5					3		9
4				2				
			1		6			7
7			4	9				
		2				1		
				8	2			3
6			7		5			
				3				8
5		7					3	

PUZZLE 281

5	4						7	
2			9					
	9	3		4				
7			8					
		1	6		9	4		
					5			8
				2		3	8	
					8			1
	6						9	2

PUZZLE 282

			7		5		8	
		1						5
		6	9					
3				5				1
	5	9	2		8	4	7	
6				9				3
					2	5		
4						7		
	3		1		9			

PUZZLE 283

3			1		4			2
							3	
		9			2	7		5
	4					8	7	
			7		8			
	9	8					6	
1		7	2			4		
	3							
8			3		1			7

PUZZLE 284

1	9		8	2				5
		2			7			
5								9
				5				8
4	1						6	2
7				1				
2								1
			7			3		
9				3	1		8	7

PUZZLE 285

		4		8	9		5	
	5		6					1
			3			7		
8	9		5			3		
		1			3		7	5
		2			1			
1					8		3	
	6		7	5		4		

PUZZLE 286

5					9			
			3	6		8		
			7				4	6
		6	5			9		2
2				9				8
9		3			8	7		
8	3				5			
		1		7	6			
			4					1

PUZZLE 287

								9
9			1	2	4			
		4					5	
	1	7	4			5		
	2			9			4	
		3			6	7	2	
	7					2		
			6	5	9			3
5								

PUZZLE 288

			9				2	3
	9					5	6	
		3			2			
		5	2	4				6
		4				8		
6				8	3	2		
			1			6		
	7	8					9	
5	2				7			

PUZZLE 289

			5	2	6			7
	2					5	3	
6		8						
			4				7	3
			6		1			
2	3				5			
						3		4
	9	3					8	
8			3	6	9			

PUZZLE 290

			4		1			
8				7	9	2		
		2	1				7	
		7	6				9	
	8					3		
3			8	1				
2			7		6			
	7	4	9				2	
		5	2					

PUZZLE 291

					2			
		8		6		4		
	3	6	5		7			8
7	5				8	6		
		9	6				1	7
3			2		5	9	4	
		7		9		2		
			1					

PUZZLE 292

	3	5		2				
1					8		3	
	8	6	7					
					4		2	7
6								3
3	5		6					
					7	2	9	
	1		2					4
			9			8	1	

PUZZLE 293

1			8			9		
	5		9					8
				2			1	4
2			3	1				
		1				4		
			6	8				2
3	4			5				
9					3		6	
		2			9			1

PUZZLE 294

		5				2	4	
	8						3	7
3					5			6
		2	1					
1			4		6			8
					3	7		
6			5					2
4	2						9	
	5	9				6		

PUZZLE 295

								7
	6			4		9		8
		5		1		2		
			4	8	6			1
		7				5		
8			7	5	2			
		3		9		8		
9		8		7			6	
5								

PUZZLE 296

2			5			1	
6		4					
		9		1			3
8	9		1				6
		6			7		
5				7		9	8
4		2		3			
					6		5
	7		4				2

PUZZLE 297

7		2				1		
9							6	
	3		4		7	2		
		1		8			5	
			3		5			
	7		2		9			
		7	2		6		1	
	1							8
		3				7		4

PUZZLE 298

			6					8
	9							3
1			7	9		2		
6					1	8		
		3				4		
		5	3					7
		7		5	8			4
4							2	
9					4			

PUZZLE 299

		1					8	
				8	7	4		
			3			5	1	
7					5		2	8
				9				
9	2		7					3
	7	3			1			
		6	5	7				
	4					3		

PUZZLE 300

	5						1	
		6		1	3			4
	1	2				7		
		5						8
	6		3		5		9	
9						2		
		1				8	2	
5			9	7		3		
	3						7	

SOLUTIONS

1

7	6	1	5	2	8	3	9	4
3	2	4	6	7	9	8	1	5
8	9	5	4	1	3	7	6	2
1	5	9	3	8	2	4	7	6
4	8	7	1	6	5	2	3	9
6	3	2	9	4	7	5	8	1
5	7	6	2	3	1	9	4	8
9	4	8	7	5	6	1	2	3
2	1	3	8	9	4	6	5	7

2

7	3	9	5	6	1	2	8	4
6	4	5	2	8	9	7	1	3
2	1	8	3	4	7	6	5	9
9	8	3	6	7	2	5	4	1
1	2	7	4	3	5	8	9	6
5	6	4	9	1	8	3	7	2
3	5	1	7	2	4	9	6	8
4	9	6	8	5	3	1	2	7
8	7	2	1	9	6	4	3	5

3

4	3	8	5	6	7	1	2	9
5	9	7	2	4	1	8	3	6
6	1	2	9	8	3	7	4	5
1	7	5	8	9	2	3	6	4
8	6	3	7	5	4	9	1	2
2	4	9	3	1	6	5	8	7
9	5	6	1	2	8	4	7	3
7	8	4	6	3	5	2	9	1
3	2	1	4	7	9	6	5	8

4

8	4	7	6	2	3	5	9	1
3	9	1	5	7	4	8	2	6
2	5	6	1	8	9	4	3	7
1	3	4	9	6	7	2	8	5
6	2	8	3	4	5	7	1	9
9	7	5	8	1	2	3	6	4
7	6	9	2	5	8	1	4	3
5	8	3	4	9	1	6	7	2
4	1	2	7	3	6	9	5	8

5

5	1	4	2	3	6	9	8	7
2	8	6	1	9	7	3	4	5
9	3	7	8	4	5	2	1	6
3	9	8	5	6	2	1	7	4
7	6	5	9	1	4	8	3	2
1	4	2	3	7	8	6	5	9
6	5	9	7	8	3	4	2	1
8	2	1	4	5	9	7	6	3
4	7	3	6	2	1	5	9	8

6

1	9	2	4	3	7	8	5	6
7	3	6	5	2	8	4	9	1
5	4	8	9	1	6	2	7	3
2	8	5	7	9	3	6	1	4
4	6	3	2	5	1	7	8	9
9	1	7	6	8	4	5	3	2
3	2	1	8	4	5	9	6	7
8	7	9	3	6	2	1	4	5
6	5	4	1	7	9	3	2	8

7

2	5	7	8	4	1	9	6	3
6	1	8	5	9	3	7	2	4
4	9	3	7	2	6	5	1	8
7	2	9	3	6	8	1	4	5
5	4	1	9	7	2	3	8	6
8	3	6	1	5	4	2	7	9
1	7	5	4	8	9	6	3	2
3	8	2	6	1	5	4	9	7
9	6	4	2	3	7	8	5	1

8

9	4	8	3	6	1	5	2	7
6	2	5	7	9	8	3	4	1
1	3	7	2	5	4	9	6	8
5	7	9	6	4	2	8	1	3
3	6	4	1	8	7	2	9	5
8	1	2	9	3	5	6	7	4
7	5	1	8	2	9	4	3	6
4	9	6	5	1	3	7	8	2
2	8	3	4	7	6	1	5	9

9

7	1	6	9	4	2	5	8	3
3	4	5	8	7	6	2	9	1
8	9	2	1	3	5	4	7	6
2	7	9	5	1	8	3	6	4
1	8	4	6	9	3	7	5	2
5	6	3	7	2	4	9	1	8
6	3	8	2	5	7	1	4	9
9	2	7	4	8	1	6	3	5
4	5	1	3	6	9	8	2	7

10

9	7	3	5	2	4	1	8	6
1	2	4	9	6	8	7	5	3
8	6	5	7	3	1	2	9	4
7	3	1	2	9	5	6	4	8
4	8	9	6	1	7	5	3	2
2	5	6	8	4	3	9	1	7
6	1	2	3	8	9	4	7	5
3	4	7	1	5	2	8	6	9
5	9	8	4	7	6	3	2	1

11

6	9	7	8	5	3	4	1	2
2	8	5	4	1	7	9	6	3
4	1	3	2	6	9	8	5	7
8	2	1	3	9	4	6	7	5
7	3	4	5	8	6	2	9	1
9	5	6	1	7	2	3	4	8
3	7	2	9	4	1	5	8	6
5	6	9	7	2	8	1	3	4
1	4	8	6	3	5	7	2	9

12

5	4	3	6	9	1	2	8	7
6	7	1	8	5	2	3	4	9
2	8	9	3	7	4	1	6	5
8	9	5	1	3	7	6	2	4
7	2	4	5	6	8	9	1	3
1	3	6	4	2	9	5	7	8
9	1	8	2	4	3	7	5	6
4	6	7	9	1	5	8	3	2
3	5	2	7	8	6	4	9	1

13

7	3	5	2	1	6	4	8	9
8	4	6	7	3	9	1	2	5
2	1	9	8	5	4	6	3	7
3	5	4	1	9	8	2	7	6
6	7	1	5	2	3	8	9	4
9	8	2	6	4	7	3	5	1
4	2	7	9	8	1	5	6	3
1	9	8	3	6	5	7	4	2
5	6	3	4	7	2	9	1	8

14

2	5	3	8	4	1	7	6	9
7	4	8	9	6	2	3	5	1
6	9	1	7	3	5	8	2	4
4	8	2	5	7	3	9	1	6
9	3	5	1	2	6	4	7	8
1	6	7	4	9	8	5	3	2
5	7	4	2	1	9	6	8	3
8	1	6	3	5	4	2	9	7
3	2	9	6	8	7	1	4	5

15

4	9	5	6	3	1	2	8	7
7	1	8	4	9	2	3	5	6
6	2	3	7	8	5	4	1	9
5	6	9	8	2	4	1	7	3
3	4	2	5	1	7	9	6	8
8	7	1	3	6	9	5	4	2
9	3	6	1	4	8	7	2	5
2	5	4	9	7	6	8	3	1
1	8	7	2	5	3	6	9	4

16

4	8	5	2	7	6	3	1	9
7	2	1	8	3	9	4	6	5
9	6	3	5	1	4	7	8	2
8	3	4	1	9	5	6	2	7
6	1	9	7	2	3	8	5	4
2	5	7	4	6	8	9	3	1
3	4	6	9	5	1	2	7	8
1	9	2	6	8	7	5	4	3
5	7	8	3	4	2	1	9	6

17

9	3	6	4	8	7	2	5	1
1	4	7	5	2	3	8	9	6
5	8	2	6	9	1	7	4	3
7	2	5	1	3	6	9	8	4
6	9	4	2	5	8	3	1	7
8	1	3	9	7	4	6	2	5
4	7	1	8	6	9	5	3	2
3	5	8	7	4	2	1	6	9
2	6	9	3	1	5	4	7	8

18

6	7	4	5	1	2	3	8	9
2	8	5	9	4	3	6	7	1
9	1	3	6	7	8	2	4	5
5	4	8	3	2	9	1	6	7
1	6	2	8	5	7	4	9	3
7	3	9	4	6	1	8	5	2
3	5	1	7	8	4	9	2	6
4	2	7	1	9	6	5	3	8
8	9	6	2	3	5	7	1	4

19

8	9	5	7	1	4	3	6	2
2	7	3	9	6	5	8	1	4
1	4	6	2	3	8	7	9	5
5	2	8	4	9	3	6	7	1
4	3	1	8	7	6	2	5	9
9	6	7	5	2	1	4	8	3
7	1	9	6	4	2	5	3	8
3	8	2	1	5	7	9	4	6
6	5	4	3	8	9	1	2	7

20

9	3	8	1	4	6	5	2	7
2	5	1	8	7	9	4	3	6
7	6	4	2	3	5	9	8	1
8	2	7	5	9	4	6	1	3
4	1	6	7	2	3	8	5	9
3	9	5	6	1	8	7	4	2
6	7	3	4	5	2	1	9	8
5	8	9	3	6	1	2	7	4
1	4	2	9	8	7	3	6	5

21

7	5	1	8	3	9	4	2	6
3	4	8	2	6	7	1	9	5
9	2	6	5	1	4	7	8	3
6	1	7	3	2	5	9	4	8
8	9	5	4	7	1	3	6	2
2	3	4	9	8	6	5	7	1
4	8	2	1	9	3	6	5	7
5	6	3	7	4	2	8	1	9
1	7	9	6	5	8	2	3	4

22

3	7	1	2	5	8	6	4	9
4	6	2	3	9	1	8	5	7
9	5	8	6	7	4	2	3	1
7	1	4	9	2	3	5	6	8
6	3	9	1	8	5	7	2	4
2	8	5	4	6	7	1	9	3
8	9	7	5	3	2	4	1	6
5	4	3	8	1	6	9	7	2
1	2	6	7	4	9	3	8	5

23

1	8	6	4	3	7	9	5	2
2	7	3	8	9	5	1	4	6
5	4	9	2	1	6	8	3	7
7	2	4	6	8	1	5	9	3
9	1	8	5	2	3	6	7	4
3	6	5	9	7	4	2	1	8
6	5	1	7	4	8	3	2	9
4	3	2	1	6	9	7	8	5
8	9	7	3	5	2	4	6	1

24

3	9	4	7	5	8	1	6	2
8	5	6	4	1	2	9	7	3
1	2	7	6	3	9	8	5	4
4	6	1	5	9	3	7	2	8
5	3	2	8	7	6	4	9	1
9	7	8	1	2	4	5	3	6
7	8	5	3	6	1	2	4	9
6	1	9	2	4	5	3	8	7
2	4	3	9	8	7	6	1	5

25

2	3	6	8	7	4	1	9	5
9	1	4	5	3	2	7	8	6
8	7	5	1	6	9	3	2	4
3	6	1	7	4	8	9	5	2
4	8	9	2	5	3	6	7	1
7	5	2	6	9	1	8	4	3
1	9	8	3	2	5	4	6	7
5	4	7	9	1	6	2	3	8
6	2	3	4	8	7	5	1	9

26

4	1	5	2	9	6	7	8	3
7	9	2	8	4	3	5	6	1
8	3	6	5	1	7	9	2	4
3	2	1	6	7	9	8	4	5
6	8	9	4	2	5	3	1	7
5	4	7	3	8	1	6	9	2
2	5	8	7	6	4	1	3	9
1	6	3	9	5	2	4	7	8
9	7	4	1	3	8	2	5	6

27

4	2	1	7	6	3	8	9	5
6	8	5	4	9	1	3	7	2
3	9	7	2	8	5	4	1	6
1	3	9	5	7	6	2	4	8
5	4	8	1	2	9	6	3	7
2	7	6	8	3	4	1	5	9
9	1	2	3	5	8	7	6	4
7	6	3	9	4	2	5	8	1
8	5	4	6	1	7	9	2	3

28

4	1	2	6	9	8	3	7	5
3	9	6	2	7	5	8	1	4
5	7	8	4	1	3	2	9	6
1	8	3	7	6	2	4	5	9
6	5	7	9	3	4	1	2	8
9	2	4	5	8	1	6	3	7
7	3	9	8	2	6	5	4	1
2	6	5	1	4	7	9	8	3
8	4	1	3	5	9	7	6	2

29

6	2	8	1	3	5	4	9	7
4	3	1	7	9	6	5	8	2
9	7	5	8	2	4	1	6	3
7	6	3	5	1	2	8	4	9
5	8	4	3	7	9	2	1	6
2	1	9	6	4	8	7	3	5
1	9	6	2	8	7	3	5	4
8	4	7	9	5	3	6	2	1
3	5	2	4	6	1	9	7	8

30

5	8	4	2	9	1	3	6	7
9	2	1	3	7	6	5	4	8
6	3	7	4	8	5	9	1	2
7	1	8	6	4	9	2	5	3
2	4	6	5	3	7	1	8	9
3	9	5	1	2	8	4	7	6
4	7	3	8	5	2	6	9	1
1	5	9	7	6	3	8	2	4
8	6	2	9	1	4	7	3	5

31

9	1	8	2	6	4	3	5	7
3	5	2	1	7	8	6	9	4
4	6	7	3	5	9	2	1	8
8	7	4	9	3	5	1	2	6
6	2	9	8	1	7	5	4	3
5	3	1	4	2	6	8	7	9
7	4	5	6	8	1	9	3	2
1	8	3	7	9	2	4	6	5
2	9	6	5	4	3	7	8	1

32

4	2	7	1	5	3	9	8	6
9	6	1	2	7	8	5	4	3
3	8	5	4	6	9	1	7	2
8	5	3	7	9	1	6	2	4
1	7	4	6	3	2	8	5	9
6	9	2	5	8	4	7	3	1
2	4	8	9	1	7	3	6	5
7	1	6	3	2	5	4	9	8
5	3	9	8	4	6	2	1	7

33

8	2	7	3	4	1	6	9	5
9	4	1	2	5	6	7	8	3
6	3	5	9	7	8	1	2	4
1	6	2	4	9	3	8	5	7
7	5	3	6	8	2	9	4	1
4	8	9	7	1	5	2	3	6
5	9	4	1	2	7	3	6	8
3	7	8	5	6	9	4	1	2
2	1	6	8	3	4	5	7	9

34

5	4	2	7	8	3	1	6	9
1	9	8	5	6	2	4	7	3
7	6	3	1	4	9	5	2	8
2	8	5	6	3	7	9	1	4
3	1	9	4	2	5	7	8	6
4	7	6	8	9	1	3	5	2
9	2	1	3	7	8	6	4	5
6	3	7	2	5	4	8	9	1
8	5	4	9	1	6	2	3	7

35

5	4	2	1	8	3	9	6	7
6	8	9	4	5	7	1	2	3
1	3	7	6	2	9	4	8	5
7	9	4	8	6	1	3	5	2
2	5	1	7	3	4	8	9	6
8	6	3	5	9	2	7	1	4
9	7	6	3	1	5	2	4	8
3	2	8	9	4	6	5	7	1
4	1	5	2	7	8	6	3	9

36

7	5	3	6	1	8	9	4	2
1	4	2	9	3	7	8	5	6
6	9	8	4	5	2	3	7	1
2	6	1	5	9	3	4	8	7
4	8	5	2	7	1	6	3	9
9	3	7	8	4	6	1	2	5
5	7	4	1	8	9	2	6	3
8	1	6	3	2	5	7	9	4
3	2	9	7	6	4	5	1	8

37

6	9	2	4	7	3	8	5	1
7	1	5	8	2	6	9	3	4
4	8	3	5	1	9	6	2	7
1	3	4	6	8	7	5	9	2
2	7	8	9	4	5	3	1	6
9	5	6	1	3	2	7	4	8
8	4	9	3	6	1	2	7	5
3	6	7	2	5	4	1	8	9
5	2	1	7	9	8	4	6	3

38

1	7	8	5	4	9	2	6	3
5	3	2	6	8	1	4	9	7
9	6	4	7	2	3	5	1	8
4	2	1	9	3	6	7	8	5
7	5	6	8	1	2	9	3	4
3	8	9	4	5	7	1	2	6
2	4	7	1	6	8	3	5	9
6	1	5	3	9	4	8	7	2
8	9	3	2	7	5	6	4	1

39

6	3	8	9	2	4	5	1	7
2	1	7	8	5	6	9	4	3
9	5	4	1	7	3	6	2	8
7	8	5	6	1	9	4	3	2
4	2	9	7	3	8	1	6	5
3	6	1	2	4	5	8	7	9
1	7	6	5	8	2	3	9	4
8	4	2	3	9	1	7	5	6
5	9	3	4	6	7	2	8	1

40

4	3	9	7	1	8	2	5	6
8	1	5	6	4	2	3	9	7
6	2	7	9	3	5	1	4	8
3	9	8	1	6	4	7	2	5
1	7	4	5	2	3	6	8	9
2	5	6	8	7	9	4	3	1
7	8	2	3	9	1	5	6	4
9	6	3	4	5	7	8	1	2
5	4	1	2	8	6	9	7	3

41

9	6	7	8	5	3	1	2	4
3	5	2	4	1	6	9	8	7
8	4	1	2	9	7	3	6	5
6	8	3	1	7	9	5	4	2
2	1	9	5	8	4	7	3	6
4	7	5	6	3	2	8	9	1
5	3	6	7	4	8	2	1	9
1	2	8	9	6	5	4	7	3
7	9	4	3	2	1	6	5	8

42

7	3	1	8	4	6	5	2	9
4	8	6	2	9	5	1	3	7
2	9	5	1	3	7	4	8	6
6	2	3	4	5	1	7	9	8
8	1	7	3	2	9	6	5	4
9	5	4	7	6	8	2	1	3
5	6	2	9	7	3	8	4	1
1	7	9	5	8	4	3	6	2
3	4	8	6	1	2	9	7	5

43

7	9	6	2	8	4	5	1	3
1	2	8	9	3	5	4	7	6
4	5	3	1	6	7	8	9	2
6	8	1	4	7	9	2	3	5
2	7	9	3	5	8	1	6	4
5	3	4	6	2	1	7	8	9
8	4	5	7	9	3	6	2	1
3	6	7	5	1	2	9	4	8
9	1	2	8	4	6	3	5	7

44

9	4	5	2	3	6	7	1	8
3	6	8	7	5	1	9	4	2
2	1	7	4	9	8	3	6	5
5	8	9	1	4	2	6	3	7
4	2	1	6	7	3	8	5	9
6	7	3	9	8	5	1	2	4
1	3	4	8	2	9	5	7	6
8	5	2	3	6	7	4	9	1
7	9	6	5	1	4	2	8	3

45

6	2	4	3	1	7	9	5	8
1	8	3	2	9	5	6	7	4
7	9	5	8	4	6	2	3	1
8	6	7	9	5	4	3	1	2
3	5	1	6	8	2	7	4	9
2	4	9	7	3	1	8	6	5
9	1	6	5	7	8	4	2	3
4	7	8	1	2	3	5	9	6
5	3	2	4	6	9	1	8	7

46

3	7	4	8	9	6	5	2	1
2	1	6	3	5	4	9	8	7
5	8	9	2	7	1	3	4	6
4	2	1	7	3	8	6	9	5
6	9	8	1	2	5	4	7	3
7	3	5	6	4	9	8	1	2
9	4	7	5	6	2	1	3	8
1	5	2	4	8	3	7	6	9
8	6	3	9	1	7	2	5	4

47

7	8	6	1	4	2	3	9	5
2	1	5	6	9	3	8	4	7
3	4	9	7	8	5	1	2	6
5	2	1	8	7	9	4	6	3
9	6	3	4	2	1	7	5	8
4	7	8	5	3	6	2	1	9
6	9	2	3	1	8	5	7	4
8	5	7	2	6	4	9	3	1
1	3	4	9	5	7	6	8	2

48

9	2	6	5	7	4	3	8	1
5	4	3	1	6	8	7	9	2
1	8	7	9	3	2	6	5	4
6	9	8	2	4	3	1	7	5
4	1	2	8	5	7	9	6	3
7	3	5	6	9	1	2	4	8
3	5	4	7	1	9	8	2	6
2	6	9	3	8	5	4	1	7
8	7	1	4	2	6	5	3	9

49

6	9	5	3	1	8	2	4	7
8	1	4	5	2	7	3	9	6
7	2	3	4	9	6	5	1	8
1	6	9	7	3	4	8	2	5
5	3	8	2	6	9	1	7	4
2	4	7	1	8	5	9	6	3
4	7	1	8	5	2	6	3	9
9	5	2	6	4	3	7	8	1
3	8	6	9	7	1	4	5	2

50

1	7	4	5	3	8	9	6	2
6	2	9	4	7	1	8	3	5
3	8	5	6	2	9	7	1	4
5	3	8	7	9	4	6	2	1
2	9	1	3	5	6	4	7	8
4	6	7	1	8	2	5	9	3
8	4	3	9	1	7	2	5	6
7	5	2	8	6	3	1	4	9
9	1	6	2	4	5	3	8	7

51

3	5	8	4	1	9	6	2	7
4	7	9	6	5	2	1	8	3
6	1	2	7	8	3	4	5	9
7	2	4	8	9	5	3	1	6
5	3	1	2	4	6	7	9	8
9	8	6	1	3	7	5	4	2
1	4	7	3	2	8	9	6	5
8	9	3	5	6	1	2	7	4
2	6	5	9	7	4	8	3	1

52

4	5	9	1	8	2	6	3	7
1	8	3	7	4	6	9	2	5
2	7	6	9	5	3	8	4	1
7	3	8	6	9	1	2	5	4
9	6	1	4	2	5	3	7	8
5	2	4	3	7	8	1	6	9
3	4	7	8	6	9	5	1	2
8	1	2	5	3	7	4	9	6
6	9	5	2	1	4	7	8	3

53

7	4	9	2	3	5	6	1	8
3	1	5	8	6	4	9	7	2
6	2	8	7	1	9	5	3	4
5	6	1	3	7	2	4	8	9
9	3	7	5	4	8	2	6	1
4	8	2	1	9	6	3	5	7
2	7	6	4	5	1	8	9	3
8	9	3	6	2	7	1	4	5
1	5	4	9	8	3	7	2	6

54

2	1	7	9	6	5	4	3	8
5	9	8	4	3	1	6	7	2
4	6	3	8	2	7	5	9	1
6	3	5	7	1	4	2	8	9
1	8	4	2	9	6	7	5	3
7	2	9	5	8	3	1	4	6
8	4	1	3	5	2	9	6	7
9	5	2	6	7	8	3	1	4
3	7	6	1	4	9	8	2	5

55

9	8	6	2	3	1	4	7	5
1	7	5	8	9	4	6	2	3
3	2	4	7	6	5	8	9	1
4	9	7	5	8	3	1	6	2
6	1	2	4	7	9	5	3	8
5	3	8	1	2	6	9	4	7
8	5	3	6	4	2	7	1	9
7	6	9	3	1	8	2	5	4
2	4	1	9	5	7	3	8	6

56

3	4	8	1	5	2	9	7	6
5	1	9	6	7	3	8	2	4
6	2	7	4	8	9	1	3	5
7	8	6	2	9	4	3	5	1
1	9	4	5	3	7	2	6	8
2	5	3	8	1	6	4	9	7
9	6	1	3	4	5	7	8	2
8	3	2	7	6	1	5	4	9
4	7	5	9	2	8	6	1	3

57

6	4	2	9	7	8	1	5	3
3	5	1	4	2	6	7	9	8
7	8	9	5	1	3	6	2	4
8	6	5	3	9	1	4	7	2
4	9	7	2	8	5	3	1	6
1	2	3	7	6	4	5	8	9
2	3	8	6	5	7	9	4	1
9	7	6	1	4	2	8	3	5
5	1	4	8	3	9	2	6	7

58

3	1	9	7	6	5	8	4	2
7	8	6	4	2	3	5	1	9
2	4	5	8	9	1	6	7	3
4	5	3	2	1	6	9	8	7
1	2	8	5	7	9	4	3	6
9	6	7	3	8	4	2	5	1
6	9	4	1	3	8	7	2	5
5	3	2	9	4	7	1	6	8
8	7	1	6	5	2	3	9	4

59

5	4	2	1	8	6	7	3	9
6	9	3	7	4	2	1	5	8
8	1	7	9	5	3	4	2	6
1	6	9	3	7	5	8	4	2
4	7	8	2	1	9	5	6	3
2	3	5	4	6	8	9	7	1
3	2	4	8	9	7	6	1	5
7	8	6	5	3	1	2	9	4
9	5	1	6	2	4	3	8	7

60

3	1	5	8	7	4	9	6	2
7	8	9	2	6	1	5	4	3
2	6	4	5	9	3	8	1	7
1	4	6	7	5	8	2	3	9
8	7	2	6	3	9	4	5	1
9	5	3	4	1	2	6	7	8
6	2	8	3	4	7	1	9	5
5	3	1	9	2	6	7	8	4
4	9	7	1	8	5	3	2	6

61

3	7	9	6	5	4	1	8	2
2	1	5	8	7	3	4	6	9
8	4	6	2	9	1	5	3	7
1	5	7	4	2	8	6	9	3
6	9	2	7	3	5	8	1	4
4	8	3	1	6	9	7	2	5
5	2	1	3	8	7	9	4	6
7	3	8	9	4	6	2	5	1
9	6	4	5	1	2	3	7	8

62

7	3	6	5	1	8	9	4	2
9	2	8	4	7	6	1	3	5
5	1	4	3	2	9	7	8	6
1	6	7	8	4	2	3	5	9
2	9	5	6	3	1	4	7	8
8	4	3	7	9	5	2	6	1
4	8	2	1	6	7	5	9	3
6	7	1	9	5	3	8	2	4
3	5	9	2	8	4	6	1	7

63

3	7	9	5	4	8	6	2	1
1	2	8	9	6	7	3	4	5
4	6	5	3	1	2	9	7	8
5	8	6	4	7	3	1	9	2
7	4	3	1	2	9	8	5	6
2	9	1	8	5	6	4	3	7
8	5	4	2	9	1	7	6	3
6	3	2	7	8	4	5	1	9
9	1	7	6	3	5	2	8	4

64

2	8	5	3	7	1	4	9	6
4	7	3	9	5	6	2	8	1
6	9	1	2	4	8	3	7	5
5	3	9	7	6	4	1	2	8
8	4	6	5	1	2	9	3	7
7	1	2	8	3	9	6	5	4
1	5	8	4	2	3	7	6	9
3	6	7	1	9	5	8	4	2
9	2	4	6	8	7	5	1	3

65

9	7	2	5	3	1	8	6	4
1	6	4	7	8	2	3	9	5
3	8	5	4	6	9	2	7	1
5	3	1	9	2	7	4	8	6
8	4	9	3	5	6	1	2	7
6	2	7	8	1	4	5	3	9
2	5	6	1	9	8	7	4	3
4	1	8	6	7	3	9	5	2
7	9	3	2	4	5	6	1	8

66

6	5	7	2	1	9	3	4	8
8	2	3	4	7	6	5	9	1
9	1	4	5	3	8	2	6	7
1	9	8	3	6	2	7	5	4
3	6	5	7	8	4	9	1	2
4	7	2	1	9	5	8	3	6
2	4	1	8	5	3	6	7	9
7	3	6	9	2	1	4	8	5
5	8	9	6	4	7	1	2	3

67

9	4	7	1	8	2	3	6	5
3	2	5	4	6	9	7	1	8
6	8	1	5	7	3	4	9	2
4	3	6	2	1	5	8	7	9
1	7	9	6	3	8	5	2	4
8	5	2	7	9	4	1	3	6
5	6	4	3	2	1	9	8	7
2	9	3	8	5	7	6	4	1
7	1	8	9	4	6	2	5	3

68

8	2	7	6	9	3	5	1	4
3	5	4	8	2	1	6	7	9
1	6	9	4	7	5	2	8	3
9	8	1	3	6	7	4	5	2
7	4	2	1	5	9	3	6	8
5	3	6	2	8	4	1	9	7
6	9	8	5	4	2	7	3	1
2	1	5	7	3	8	9	4	6
4	7	3	9	1	6	8	2	5

69

3	5	4	8	7	6	1	9	2
1	2	9	5	4	3	6	8	7
6	7	8	1	2	9	4	5	3
9	8	6	2	1	4	7	3	5
2	4	1	7	3	5	8	6	9
7	3	5	9	6	8	2	4	1
5	9	7	6	8	2	3	1	4
8	1	3	4	9	7	5	2	6
4	6	2	3	5	1	9	7	8

70

7	1	4	5	9	2	6	3	8
5	2	6	3	7	8	9	4	1
8	3	9	1	6	4	5	2	7
3	6	1	8	4	5	7	9	2
4	5	8	7	2	9	1	6	3
2	9	7	6	3	1	8	5	4
6	8	2	4	5	7	3	1	9
9	7	5	2	1	3	4	8	6
1	4	3	9	8	6	2	7	5

71

4	3	5	1	6	2	7	9	8
2	7	1	8	5	9	6	3	4
9	8	6	4	3	7	5	2	1
6	9	8	5	7	1	3	4	2
1	5	2	3	4	8	9	7	6
7	4	3	9	2	6	8	1	5
8	1	7	2	9	5	4	6	3
5	6	4	7	1	3	2	8	9
3	2	9	6	8	4	1	5	7

72

3	8	1	7	6	5	9	2	4
4	7	2	8	9	1	6	5	3
9	5	6	2	3	4	7	1	8
2	6	3	1	5	8	4	7	9
8	9	7	6	4	2	1	3	5
5	1	4	9	7	3	8	6	2
1	4	8	3	2	6	5	9	7
7	2	5	4	1	9	3	8	6
6	3	9	5	8	7	2	4	1

73

2	6	7	9	1	8	3	4	5
3	5	9	7	4	6	8	1	2
8	1	4	2	3	5	6	7	9
6	9	3	4	2	7	5	8	1
5	7	8	1	6	3	2	9	4
1	4	2	8	5	9	7	3	6
9	2	6	3	7	1	4	5	8
4	3	1	5	8	2	9	6	7
7	8	5	6	9	4	1	2	3

74

6	5	4	7	2	3	9	8	1
9	3	2	8	1	6	5	4	7
7	8	1	5	4	9	6	3	2
1	6	3	4	5	2	8	7	9
2	9	8	1	3	7	4	6	5
5	4	7	6	9	8	1	2	3
4	1	6	3	7	5	2	9	8
3	2	5	9	8	4	7	1	6
8	7	9	2	6	1	3	5	4

75

5	8	9	7	3	6	4	1	2
3	2	4	9	1	5	7	6	8
7	6	1	4	2	8	9	3	5
9	1	3	5	4	2	8	7	6
4	7	6	8	9	1	5	2	3
2	5	8	6	7	3	1	4	9
1	4	5	3	6	9	2	8	7
6	9	7	2	8	4	3	5	1
8	3	2	1	5	7	6	9	4

76

2	5	6	3	7	4	1	8	9
7	1	3	9	5	8	6	4	2
4	8	9	6	2	1	3	5	7
5	3	8	2	1	6	7	9	4
9	4	7	8	3	5	2	6	1
1	6	2	7	4	9	8	3	5
3	7	4	5	8	2	9	1	6
6	2	1	4	9	3	5	7	8
8	9	5	1	6	7	4	2	3

77

8	3	7	2	6	4	5	9	1
5	6	1	7	9	8	2	3	4
2	4	9	1	5	3	6	8	7
4	5	6	8	3	1	7	2	9
9	8	3	6	7	2	1	4	5
1	7	2	5	4	9	8	6	3
3	1	8	9	2	5	4	7	6
6	9	5	4	8	7	3	1	2
7	2	4	3	1	6	9	5	8

78

4	1	7	5	2	9	8	6	3
3	6	5	1	7	8	4	2	9
2	9	8	6	3	4	7	1	5
9	8	2	3	1	7	6	5	4
5	7	3	8	4	6	2	9	1
1	4	6	2	9	5	3	7	8
8	3	9	7	6	1	5	4	2
6	2	4	9	5	3	1	8	7
7	5	1	4	8	2	9	3	6

79

1	7	3	6	4	8	9	2	5
9	2	5	1	7	3	6	4	8
4	8	6	5	2	9	7	1	3
2	3	8	9	1	7	4	5	6
7	4	1	2	6	5	8	3	9
5	6	9	8	3	4	2	7	1
6	9	7	4	5	1	3	8	2
3	5	2	7	8	6	1	9	4
8	1	4	3	9	2	5	6	7

80

2	3	6	7	1	8	9	4	5
1	8	7	9	5	4	6	3	2
4	5	9	6	2	3	7	1	8
3	4	5	8	9	2	1	6	7
9	7	1	3	6	5	8	2	4
6	2	8	4	7	1	5	9	3
5	9	4	1	3	7	2	8	6
7	1	3	2	8	6	4	5	9
8	6	2	5	4	9	3	7	1

81

6	8	5	1	3	9	7	4	2
2	3	7	4	6	8	9	5	1
9	1	4	7	5	2	6	3	8
7	2	9	6	1	5	3	8	4
3	4	1	8	2	7	5	9	6
5	6	8	9	4	3	1	2	7
8	9	2	5	7	1	4	6	3
4	7	3	2	9	6	8	1	5
1	5	6	3	8	4	2	7	9

82

1	6	9	5	8	3	4	7	2
7	5	8	6	4	2	9	3	1
4	3	2	9	7	1	5	6	8
9	8	5	2	6	4	3	1	7
2	1	6	3	9	7	8	4	5
3	4	7	8	1	5	6	2	9
8	2	3	7	5	6	1	9	4
6	9	1	4	2	8	7	5	3
5	7	4	1	3	9	2	8	6

83

6	4	2	7	9	5	1	8	3
9	8	5	1	3	4	2	6	7
1	7	3	8	2	6	5	4	9
8	9	7	4	6	2	3	5	1
3	1	4	5	7	9	6	2	8
2	5	6	3	1	8	9	7	4
7	6	9	2	4	3	8	1	5
5	3	1	6	8	7	4	9	2
4	2	8	9	5	1	7	3	6

84

1	7	3	6	9	4	5	2	8
6	2	8	7	1	5	3	9	4
4	5	9	3	8	2	6	1	7
9	1	4	8	3	6	2	7	5
8	3	2	5	7	1	4	6	9
7	6	5	2	4	9	1	8	3
5	8	6	4	2	7	9	3	1
2	9	7	1	5	3	8	4	6
3	4	1	9	6	8	7	5	2

85

9	1	4	3	2	8	5	6	7
5	7	6	4	9	1	3	8	2
8	3	2	5	7	6	1	9	4
2	9	7	1	3	5	6	4	8
3	6	8	9	4	7	2	1	5
1	4	5	8	6	2	7	3	9
4	5	9	2	1	3	8	7	6
7	8	1	6	5	9	4	2	3
6	2	3	7	8	4	9	5	1

86

3	6	1	5	7	8	9	2	4
8	2	5	9	3	4	1	7	6
7	9	4	2	6	1	8	5	3
2	8	7	1	4	6	3	9	5
4	1	3	7	9	5	6	8	2
6	5	9	3	8	2	4	1	7
5	4	6	8	1	7	2	3	9
9	7	8	4	2	3	5	6	1
1	3	2	6	5	9	7	4	8

87

1	3	9	4	8	6	7	2	5
5	4	8	3	7	2	1	6	9
2	6	7	5	1	9	8	4	3
6	9	4	7	2	5	3	1	8
8	7	1	6	4	3	5	9	2
3	5	2	1	9	8	4	7	6
9	1	6	8	5	7	2	3	4
7	2	5	9	3	4	6	8	1
4	8	3	2	6	1	9	5	7

88

5	8	2	4	6	7	9	3	1
1	9	6	2	5	3	4	8	7
4	7	3	9	8	1	6	5	2
7	4	1	6	3	2	8	9	5
8	2	9	1	4	5	3	7	6
6	3	5	7	9	8	2	1	4
9	5	4	3	1	6	7	2	8
2	6	8	5	7	9	1	4	3
3	1	7	8	2	4	5	6	9

89

1	2	8	4	3	9	5	7	6
3	6	7	5	2	8	1	9	4
5	4	9	7	6	1	2	8	3
8	3	6	9	1	7	4	5	2
2	7	4	3	5	6	9	1	8
9	5	1	2	8	4	6	3	7
4	8	2	1	9	3	7	6	5
7	9	3	6	4	5	8	2	1
6	1	5	8	7	2	3	4	9

90

1	9	4	2	7	8	3	6	5
7	8	2	5	3	6	9	4	1
6	5	3	1	4	9	2	8	7
8	6	9	4	2	5	1	7	3
4	7	5	3	9	1	8	2	6
3	2	1	6	8	7	4	5	9
9	1	7	8	6	2	5	3	4
2	4	6	9	5	3	7	1	8
5	3	8	7	1	4	6	9	2

91

2	1	4	7	3	9	8	5	6
9	7	8	6	5	2	3	4	1
3	5	6	8	1	4	7	2	9
1	2	7	5	8	3	9	6	4
6	3	9	4	2	7	5	1	8
8	4	5	9	6	1	2	3	7
4	8	2	1	9	5	6	7	3
7	6	3	2	4	8	1	9	5
5	9	1	3	7	6	4	8	2

92

3	5	8	9	6	2	7	4	1
9	6	7	4	3	1	8	2	5
1	4	2	8	7	5	3	9	6
4	3	9	5	2	8	6	1	7
7	1	5	3	9	6	2	8	4
2	8	6	1	4	7	5	3	9
5	9	3	7	8	4	1	6	2
8	2	1	6	5	9	4	7	3
6	7	4	2	1	3	9	5	8

93

1	5	4	9	2	3	8	7	6
9	6	3	8	4	7	5	1	2
7	8	2	6	1	5	3	9	4
3	4	9	1	7	2	6	5	8
5	2	1	4	6	8	9	3	7
6	7	8	3	5	9	4	2	1
2	1	6	5	3	4	7	8	9
8	3	7	2	9	6	1	4	5
4	9	5	7	8	1	2	6	3

94

5	4	8	1	2	9	6	7	3
9	3	2	6	7	5	8	1	4
7	6	1	8	4	3	9	2	5
3	7	6	2	1	4	5	8	9
4	2	9	5	3	8	1	6	7
1	8	5	7	9	6	3	4	2
2	9	3	4	6	1	7	5	8
8	1	4	3	5	7	2	9	6
6	5	7	9	8	2	4	3	1

95

6	8	5	1	4	9	7	2	3
1	3	4	2	8	7	5	6	9
9	2	7	6	3	5	8	1	4
3	5	2	4	1	8	6	9	7
8	1	9	5	7	6	4	3	2
7	4	6	3	9	2	1	5	8
4	9	3	7	6	1	2	8	5
5	6	8	9	2	4	3	7	1
2	7	1	8	5	3	9	4	6

96

1	9	2	3	8	7	6	4	5
5	6	7	1	9	4	2	3	8
8	4	3	5	2	6	1	7	9
4	2	9	7	3	8	5	6	1
7	3	5	6	1	9	8	2	4
6	1	8	2	4	5	3	9	7
2	7	4	8	5	3	9	1	6
3	5	6	9	7	1	4	8	2
9	8	1	4	6	2	7	5	3

97

3	4	5	8	9	1	6	2	7
6	8	1	2	7	5	9	4	3
9	7	2	4	3	6	1	5	8
7	3	8	9	1	2	4	6	5
2	9	4	6	5	3	8	7	1
5	1	6	7	4	8	2	3	9
4	2	9	3	8	7	5	1	6
8	5	7	1	6	4	3	9	2
1	6	3	5	2	9	7	8	4

98

6	4	5	2	3	8	1	7	9
9	3	8	7	1	6	4	2	5
7	1	2	5	4	9	8	6	3
3	7	9	6	5	1	2	8	4
5	2	1	9	8	4	7	3	6
8	6	4	3	2	7	5	9	1
4	9	3	1	7	2	6	5	8
2	8	6	4	9	5	3	1	7
1	5	7	8	6	3	9	4	2

99

6	7	3	9	4	8	2	1	5
8	2	5	3	1	6	7	4	9
1	9	4	2	7	5	6	3	8
9	4	1	8	6	2	5	7	3
3	5	8	1	9	7	4	6	2
2	6	7	4	5	3	9	8	1
5	1	9	7	8	4	3	2	6
7	3	6	5	2	1	8	9	4
4	8	2	6	3	9	1	5	7

100

8	7	2	9	5	3	1	6	4
1	5	9	4	6	8	2	7	3
3	4	6	1	2	7	9	5	8
7	6	3	8	9	4	5	1	2
4	1	5	7	3	2	6	8	9
9	2	8	6	1	5	4	3	7
6	8	1	3	4	9	7	2	5
5	9	7	2	8	1	3	4	6
2	3	4	5	7	6	8	9	1

101

8	9	4	5	3	6	1	2	7
6	3	1	8	7	2	4	5	9
5	2	7	1	9	4	8	6	3
2	8	3	6	4	1	7	9	5
1	6	5	9	8	7	2	3	4
4	7	9	2	5	3	6	8	1
7	5	2	4	6	9	3	1	8
3	1	8	7	2	5	9	4	6
9	4	6	3	1	8	5	7	2

102

7	4	5	8	3	2	6	1	9
8	2	6	9	5	1	7	3	4
3	1	9	7	4	6	2	5	8
9	5	7	1	6	8	4	2	3
2	3	4	5	7	9	1	8	6
6	8	1	4	2	3	9	7	5
5	6	8	2	9	7	3	4	1
4	9	2	3	1	5	8	6	7
1	7	3	6	8	4	5	9	2

103

6	4	8	7	2	9	5	1	3
1	3	5	6	4	8	7	2	9
2	9	7	1	5	3	6	8	4
8	7	2	4	1	6	3	9	5
3	6	1	2	9	5	4	7	8
9	5	4	3	8	7	2	6	1
4	8	6	5	7	1	9	3	2
7	2	9	8	3	4	1	5	6
5	1	3	9	6	2	8	4	7

104

5	1	6	3	9	4	8	7	2
2	4	3	6	8	7	1	9	5
8	7	9	5	2	1	6	3	4
7	6	2	4	3	9	5	8	1
3	5	4	1	7	8	9	2	6
9	8	1	2	5	6	7	4	3
6	2	8	9	4	5	3	1	7
1	3	7	8	6	2	4	5	9
4	9	5	7	1	3	2	6	8

105

4	9	1	7	5	3	6	8	2
7	8	3	2	6	1	5	9	4
2	6	5	4	8	9	1	3	7
1	7	9	8	2	5	4	6	3
5	4	2	3	9	6	7	1	8
6	3	8	1	4	7	2	5	9
9	2	6	5	3	4	8	7	1
8	5	7	9	1	2	3	4	6
3	1	4	6	7	8	9	2	5

106

1	3	7	2	8	6	9	5	4
8	9	5	7	4	3	1	6	2
2	4	6	1	9	5	3	7	8
9	6	2	8	1	7	4	3	5
3	5	8	6	2	4	7	1	9
7	1	4	3	5	9	2	8	6
6	2	3	9	7	8	5	4	1
5	7	1	4	6	2	8	9	3
4	8	9	5	3	1	6	2	7

107

8	6	7	5	3	9	4	1	2
1	5	3	4	6	2	9	8	7
2	9	4	1	7	8	6	5	3
5	4	2	6	9	1	3	7	8
6	1	8	3	4	7	5	2	9
3	7	9	8	2	5	1	6	4
9	2	6	7	5	3	8	4	1
7	8	5	9	1	4	2	3	6
4	3	1	2	8	6	7	9	5

108

6	8	5	1	3	4	9	2	7
2	3	7	5	8	9	1	4	6
4	1	9	2	7	6	8	5	3
3	5	4	6	1	2	7	9	8
1	9	6	8	4	7	5	3	2
7	2	8	3	9	5	4	6	1
9	6	1	7	5	3	2	8	4
5	7	3	4	2	8	6	1	9
8	4	2	9	6	1	3	7	5

109

2	9	5	7	1	4	6	3	8
3	7	6	9	8	2	4	1	5
4	8	1	6	3	5	2	9	7
6	3	4	1	5	8	9	7	2
9	5	8	3	2	7	1	6	4
7	1	2	4	9	6	8	5	3
8	2	3	5	6	9	7	4	1
1	6	7	8	4	3	5	2	9
5	4	9	2	7	1	3	8	6

110

9	5	7	3	4	1	6	2	8
6	8	2	7	9	5	3	4	1
3	4	1	2	6	8	7	9	5
5	2	3	9	8	4	1	6	7
8	1	4	6	7	3	2	5	9
7	9	6	1	5	2	4	8	3
1	6	9	8	2	7	5	3	4
2	3	5	4	1	9	8	7	6
4	7	8	5	3	6	9	1	2

111

4	9	5	1	7	3	6	2	8
6	8	2	9	5	4	7	1	3
1	7	3	8	2	6	5	4	9
5	4	9	7	8	2	3	6	1
2	1	7	6	3	5	8	9	4
3	6	8	4	9	1	2	5	7
9	5	1	3	6	7	4	8	2
7	2	4	5	1	8	9	3	6
8	3	6	2	4	9	1	7	5

112

9	8	1	3	7	2	6	5	4
3	4	2	9	6	5	7	1	8
5	6	7	4	1	8	3	2	9
7	9	8	1	2	3	5	4	6
1	3	6	5	4	9	8	7	2
4	2	5	6	8	7	9	3	1
2	5	4	8	3	6	1	9	7
8	1	3	7	9	4	2	6	5
6	7	9	2	5	1	4	8	3

113

8	6	9	7	5	1	4	3	2
4	7	2	3	6	9	5	8	1
5	3	1	8	4	2	7	9	6
9	5	6	4	2	7	3	1	8
2	4	3	9	1	8	6	5	7
7	1	8	6	3	5	9	2	4
6	2	7	5	8	3	1	4	9
1	9	5	2	7	4	8	6	3
3	8	4	1	9	6	2	7	5

114

7	2	4	5	6	3	9	1	8
6	8	9	4	7	1	2	3	5
1	3	5	8	2	9	4	7	6
9	4	6	3	8	7	1	5	2
2	5	7	1	4	6	3	8	9
8	1	3	2	9	5	7	6	4
5	9	8	7	1	4	6	2	3
4	7	2	6	3	8	5	9	1
3	6	1	9	5	2	8	4	7

115

3	9	6	4	1	7	5	2	8
8	2	4	6	5	3	1	7	9
7	5	1	9	2	8	6	3	4
9	3	7	2	8	6	4	5	1
6	1	2	5	4	9	3	8	7
4	8	5	3	7	1	9	6	2
1	6	9	8	3	2	7	4	5
5	7	8	1	6	4	2	9	3
2	4	3	7	9	5	8	1	6

116

2	7	6	4	9	1	5	8	3
4	8	3	5	6	7	2	9	1
5	1	9	3	8	2	4	6	7
6	5	7	9	1	8	3	4	2
8	9	1	2	3	4	6	7	5
3	4	2	7	5	6	8	1	9
1	2	8	6	7	3	9	5	4
7	3	5	8	4	9	1	2	6
9	6	4	1	2	5	7	3	8

117

2	5	4	1	9	3	8	6	7
8	1	7	6	5	4	3	9	2
3	9	6	7	8	2	1	5	4
1	6	8	3	2	9	4	7	5
7	4	3	5	1	6	9	2	8
9	2	5	8	4	7	6	1	3
4	7	1	2	6	8	5	3	9
6	8	2	9	3	5	7	4	1
5	3	9	4	7	1	2	8	6

118

9	6	3	5	8	1	4	2	7
7	1	8	2	4	3	5	6	9
4	5	2	9	7	6	1	3	8
6	7	4	3	2	9	8	5	1
8	2	1	6	5	4	9	7	3
3	9	5	8	1	7	2	4	6
5	3	6	4	9	8	7	1	2
1	4	9	7	3	2	6	8	5
2	8	7	1	6	5	3	9	4

119

4	6	5	7	2	3	9	1	8
8	2	1	5	9	6	4	7	3
7	9	3	8	1	4	5	6	2
3	8	4	9	6	2	7	5	1
2	7	9	3	5	1	6	8	4
1	5	6	4	8	7	3	2	9
5	4	2	6	3	8	1	9	7
6	3	8	1	7	9	2	4	5
9	1	7	2	4	5	8	3	6

120

4	7	5	2	3	1	8	6	9
1	8	2	6	9	5	7	4	3
3	9	6	7	8	4	1	5	2
8	3	1	5	2	9	6	7	4
7	2	9	8	4	6	5	3	1
6	5	4	3	1	7	9	2	8
9	1	7	4	6	3	2	8	5
2	6	3	1	5	8	4	9	7
5	4	8	9	7	2	3	1	6

121

3	9	5	1	2	4	7	8	6
4	7	6	8	5	9	2	3	1
1	2	8	3	6	7	5	4	9
6	3	9	7	8	5	1	2	4
7	5	1	9	4	2	3	6	8
2	8	4	6	1	3	9	5	7
8	4	2	5	9	1	6	7	3
5	1	7	4	3	6	8	9	2
9	6	3	2	7	8	4	1	5

122

6	4	8	1	9	7	5	2	3
1	5	9	2	8	3	7	4	6
7	2	3	6	5	4	1	9	8
8	6	1	3	2	9	4	7	5
4	3	2	5	7	1	6	8	9
9	7	5	8	4	6	3	1	2
5	1	7	9	3	8	2	6	4
2	8	6	4	1	5	9	3	7
3	9	4	7	6	2	8	5	1

123

9	5	7	4	1	8	3	2	6
6	2	3	7	5	9	1	8	4
4	1	8	6	3	2	7	9	5
5	3	4	1	9	6	2	7	8
1	7	2	5	8	4	9	6	3
8	6	9	3	2	7	5	4	1
3	4	6	2	7	5	8	1	9
7	9	5	8	6	1	4	3	2
2	8	1	9	4	3	6	5	7

124

4	9	2	5	6	8	1	7	3
1	8	5	3	7	2	9	4	6
3	7	6	9	4	1	5	2	8
5	4	8	1	3	6	7	9	2
9	2	7	4	8	5	3	6	1
6	1	3	7	2	9	4	8	5
8	3	9	2	1	7	6	5	4
7	6	1	8	5	4	2	3	9
2	5	4	6	9	3	8	1	7

125

8	3	4	1	5	9	2	7	6
6	7	1	2	3	4	9	8	5
5	9	2	8	6	7	4	3	1
4	2	6	7	1	3	5	9	8
9	5	8	6	4	2	3	1	7
7	1	3	9	8	5	6	4	2
3	4	7	5	2	1	8	6	9
2	6	9	4	7	8	1	5	3
1	8	5	3	9	6	7	2	4

126

3	6	2	5	9	1	4	8	7
8	9	1	7	2	4	5	6	3
4	5	7	3	8	6	1	2	9
7	3	4	2	1	8	6	9	5
1	8	5	6	3	9	7	4	2
9	2	6	4	5	7	8	3	1
6	7	3	1	4	2	9	5	8
5	4	9	8	7	3	2	1	6
2	1	8	9	6	5	3	7	4

127

2	4	3	8	7	5	9	6	1
8	6	1	2	4	9	3	5	7
5	7	9	3	6	1	4	2	8
4	5	6	7	9	2	1	8	3
3	9	2	6	1	8	7	4	5
7	1	8	4	5	3	6	9	2
1	8	4	5	3	6	2	7	9
9	2	7	1	8	4	5	3	6
6	3	5	9	2	7	8	1	4

128

6	4	5	1	3	9	8	2	7
7	3	9	8	2	5	6	1	4
2	8	1	7	6	4	5	3	9
3	1	8	2	4	7	9	6	5
9	2	6	3	5	8	4	7	1
5	7	4	6	9	1	3	8	2
1	9	3	4	7	6	2	5	8
4	6	7	5	8	2	1	9	3
8	5	2	9	1	3	7	4	6

129

1	8	9	4	6	7	3	5	2
6	4	3	5	2	8	1	9	7
7	5	2	3	1	9	8	4	6
3	6	7	8	9	5	2	1	4
4	9	1	7	3	2	5	6	8
5	2	8	6	4	1	7	3	9
9	7	4	2	5	3	6	8	1
8	3	6	1	7	4	9	2	5
2	1	5	9	8	6	4	7	3

130

7	5	8	3	4	1	6	2	9
3	1	2	6	8	9	5	7	4
9	6	4	2	5	7	1	8	3
6	3	7	4	9	5	8	1	2
4	9	5	1	2	8	7	3	6
2	8	1	7	3	6	9	4	5
8	2	9	5	7	4	3	6	1
1	7	3	9	6	2	4	5	8
5	4	6	8	1	3	2	9	7

131

8	3	5	9	4	6	7	2	1
6	2	4	7	1	5	9	8	3
9	7	1	8	3	2	6	5	4
4	6	2	3	9	1	8	7	5
3	9	8	2	5	7	4	1	6
1	5	7	4	6	8	2	3	9
2	4	9	5	8	3	1	6	7
5	8	6	1	7	4	3	9	2
7	1	3	6	2	9	5	4	8

132

7	5	9	3	4	8	2	1	6
6	1	4	7	5	2	3	8	9
3	2	8	1	6	9	4	5	7
4	9	7	2	3	1	8	6	5
8	6	2	5	9	7	1	3	4
5	3	1	4	8	6	9	7	2
2	8	5	9	7	3	6	4	1
9	7	3	6	1	4	5	2	8
1	4	6	8	2	5	7	9	3

133

1	7	9	4	3	2	8	5	6
8	6	3	5	1	7	9	2	4
2	5	4	8	9	6	7	1	3
3	2	6	7	4	9	5	8	1
9	8	5	2	6	1	4	3	7
4	1	7	3	5	8	2	6	9
6	9	8	1	2	4	3	7	5
7	3	1	9	8	5	6	4	2
5	4	2	6	7	3	1	9	8

134

6	2	8	3	4	5	9	1	7
4	9	7	6	1	8	2	3	5
1	5	3	9	7	2	4	8	6
7	1	9	8	6	4	5	2	3
5	8	4	7	2	3	6	9	1
3	6	2	1	5	9	8	7	4
2	3	1	5	9	6	7	4	8
9	7	5	4	8	1	3	6	2
8	4	6	2	3	7	1	5	9

135

1	6	5	3	4	9	2	8	7
7	2	4	6	5	8	1	3	9
3	9	8	7	2	1	4	5	6
2	1	9	8	3	6	5	7	4
5	8	3	9	7	4	6	2	1
6	4	7	5	1	2	8	9	3
8	7	1	2	6	3	9	4	5
4	5	2	1	9	7	3	6	8
9	3	6	4	8	5	7	1	2

136

7	5	9	1	6	8	2	3	4
6	3	8	9	4	2	5	1	7
2	4	1	3	7	5	9	8	6
5	1	6	4	3	9	8	7	2
3	2	4	7	8	1	6	9	5
8	9	7	2	5	6	1	4	3
1	7	5	8	2	3	4	6	9
9	6	3	5	1	4	7	2	8
4	8	2	6	9	7	3	5	1

137

8	6	9	1	3	4	5	2	7
5	2	3	9	7	6	4	8	1
7	4	1	8	2	5	6	9	3
1	7	2	5	9	8	3	4	6
6	3	5	2	4	7	8	1	9
9	8	4	6	1	3	2	7	5
3	9	7	4	5	2	1	6	8
2	1	6	3	8	9	7	5	4
4	5	8	7	6	1	9	3	2

138

8	1	7	2	9	3	5	6	4
6	5	9	8	7	4	1	2	3
2	4	3	6	5	1	8	7	9
5	9	6	7	4	2	3	8	1
4	8	1	3	6	9	2	5	7
3	7	2	1	8	5	4	9	6
1	3	8	9	2	7	6	4	5
9	6	4	5	3	8	7	1	2
7	2	5	4	1	6	9	3	8

139

9	2	7	6	3	4	8	5	1
1	6	8	9	7	5	2	4	3
3	5	4	2	1	8	9	7	6
8	9	1	4	5	7	3	6	2
5	4	2	3	8	6	1	9	7
6	7	3	1	2	9	4	8	5
2	8	9	5	6	3	7	1	4
7	3	6	8	4	1	5	2	9
4	1	5	7	9	2	6	3	8

140

4	9	2	6	8	7	5	3	1
7	6	3	1	2	5	8	4	9
1	8	5	9	3	4	7	6	2
2	7	9	5	6	1	3	8	4
6	3	8	7	4	2	1	9	5
5	1	4	8	9	3	2	7	6
9	2	7	3	5	6	4	1	8
8	5	1	4	7	9	6	2	3
3	4	6	2	1	8	9	5	7

141

9	6	3	5	1	8	4	2	7
7	8	5	4	9	2	1	6	3
1	4	2	7	6	3	9	8	5
8	2	9	1	3	5	6	7	4
4	7	1	9	8	6	5	3	2
5	3	6	2	4	7	8	9	1
2	9	8	3	5	1	7	4	6
3	5	4	6	7	9	2	1	8
6	1	7	8	2	4	3	5	9

142

8	5	7	3	4	9	1	6	2
4	6	2	7	1	5	8	3	9
9	1	3	6	2	8	4	7	5
3	4	5	1	6	2	7	9	8
6	8	1	4	9	7	2	5	3
7	2	9	8	5	3	6	4	1
1	3	8	5	7	4	9	2	6
2	7	6	9	3	1	5	8	4
5	9	4	2	8	6	3	1	7

143

7	1	3	8	4	5	6	9	2
6	4	9	2	7	3	5	8	1
5	2	8	6	9	1	3	7	4
1	3	4	9	5	8	2	6	7
8	6	7	4	1	2	9	3	5
2	9	5	7	3	6	4	1	8
4	7	2	3	8	9	1	5	6
9	5	6	1	2	7	8	4	3
3	8	1	5	6	4	7	2	9

144

1	3	4	7	8	9	5	2	6
5	7	2	6	3	4	9	8	1
9	8	6	2	1	5	7	4	3
7	9	3	5	4	6	8	1	2
6	1	8	3	2	7	4	5	9
4	2	5	1	9	8	3	6	7
3	6	9	8	5	2	1	7	4
2	5	1	4	7	3	6	9	8
8	4	7	9	6	1	2	3	5

145

1	6	5	4	3	9	7	2	8
4	8	7	1	6	2	3	9	5
9	2	3	7	8	5	6	4	1
3	4	1	5	9	7	8	6	2
2	7	8	6	1	3	9	5	4
5	9	6	8	2	4	1	3	7
7	3	9	2	4	1	5	8	6
6	1	2	3	5	8	4	7	9
8	5	4	9	7	6	2	1	3

146

8	7	3	5	6	9	2	1	4
2	1	6	7	4	3	5	9	8
5	9	4	2	1	8	3	7	6
7	4	5	1	3	2	6	8	9
6	2	1	9	8	5	7	4	3
3	8	9	6	7	4	1	5	2
4	3	2	8	5	1	9	6	7
1	6	8	3	9	7	4	2	5
9	5	7	4	2	6	8	3	1

147

7	4	3	6	8	1	2	9	5
8	5	9	3	4	2	7	6	1
1	2	6	7	9	5	8	3	4
9	1	4	5	6	7	3	8	2
2	8	7	9	3	4	5	1	6
3	6	5	2	1	8	9	4	7
5	3	1	8	7	6	4	2	9
6	7	8	4	2	9	1	5	3
4	9	2	1	5	3	6	7	8

148

9	6	4	3	5	7	8	1	2
5	1	3	9	8	2	6	7	4
7	8	2	1	6	4	9	3	5
3	4	8	2	9	1	5	6	7
2	5	7	8	3	6	4	9	1
1	9	6	7	4	5	2	8	3
4	7	1	6	2	8	3	5	9
6	2	9	5	1	3	7	4	8
8	3	5	4	7	9	1	2	6

149

3	7	8	4	6	2	5	9	1
5	6	2	3	1	9	4	7	8
1	4	9	5	8	7	6	3	2
6	3	5	1	7	8	9	2	4
4	2	7	6	9	5	8	1	3
8	9	1	2	3	4	7	5	6
2	5	6	9	4	1	3	8	7
7	1	3	8	5	6	2	4	9
9	8	4	7	2	3	1	6	5

150

9	3	7	6	1	5	4	8	2
4	6	1	8	2	7	9	3	5
5	2	8	9	3	4	7	1	6
1	7	2	5	9	3	6	4	8
6	9	4	2	8	1	5	7	3
8	5	3	7	4	6	1	2	9
3	4	6	1	5	2	8	9	7
2	8	5	4	7	9	3	6	1
7	1	9	3	6	8	2	5	4

151

2	4	9	1	5	7	3	6	8
3	1	5	6	4	8	7	9	2
8	7	6	9	3	2	4	1	5
1	6	8	2	9	4	5	3	7
5	9	4	7	1	3	2	8	6
7	2	3	8	6	5	1	4	9
6	8	2	4	7	1	9	5	3
9	3	1	5	2	6	8	7	4
4	5	7	3	8	9	6	2	1

152

8	3	9	7	1	6	2	4	5
2	6	1	5	8	4	7	9	3
5	7	4	3	9	2	1	8	6
4	5	7	6	3	9	8	2	1
6	9	8	2	7	1	3	5	4
1	2	3	4	5	8	6	7	9
9	8	6	1	2	5	4	3	7
3	1	5	8	4	7	9	6	2
7	4	2	9	6	3	5	1	8

153

8	5	6	1	4	9	7	2	3
9	4	1	2	3	7	5	6	8
3	7	2	8	6	5	1	4	9
4	1	3	5	2	6	9	8	7
5	2	7	3	9	8	4	1	6
6	9	8	7	1	4	3	5	2
1	8	4	9	7	2	6	3	5
2	3	9	6	5	1	8	7	4
7	6	5	4	8	3	2	9	1

154

3	1	5	6	8	4	7	2	9
2	7	6	9	5	3	8	4	1
8	4	9	1	7	2	3	6	5
5	8	7	3	2	1	4	9	6
9	2	4	7	6	8	5	1	3
6	3	1	5	4	9	2	8	7
7	5	8	2	9	6	1	3	4
1	6	2	4	3	7	9	5	8
4	9	3	8	1	5	6	7	2

155

7	8	5	3	2	1	4	9	6
6	2	4	9	8	5	1	3	7
1	3	9	7	4	6	8	2	5
8	4	3	6	1	2	5	7	9
2	9	6	5	7	8	3	4	1
5	7	1	4	9	3	2	6	8
3	5	7	1	6	4	9	8	2
9	1	8	2	3	7	6	5	4
4	6	2	8	5	9	7	1	3

156

5	6	9	2	4	7	8	3	1
7	1	4	8	5	3	9	6	2
3	8	2	6	1	9	5	7	4
2	5	6	9	7	8	4	1	3
9	7	1	3	6	4	2	8	5
4	3	8	1	2	5	6	9	7
8	4	3	7	9	2	1	5	6
6	2	7	5	8	1	3	4	9
1	9	5	4	3	6	7	2	8

157

5	4	1	7	8	2	3	6	9
6	8	3	9	1	5	2	4	7
7	2	9	3	4	6	8	1	5
1	5	6	8	2	7	4	9	3
2	7	8	4	3	9	6	5	1
3	9	4	6	5	1	7	2	8
9	6	5	2	7	3	1	8	4
4	1	7	5	6	8	9	3	2
8	3	2	1	9	4	5	7	6

158

4	8	2	6	9	1	3	5	7
9	7	5	2	8	3	1	4	6
1	6	3	5	7	4	2	8	9
8	2	4	7	3	9	5	6	1
7	3	1	8	6	5	4	9	2
5	9	6	4	1	2	8	7	3
3	4	9	1	5	7	6	2	8
6	5	7	3	2	8	9	1	4
2	1	8	9	4	6	7	3	5

159

5	9	6	4	3	2	7	8	1
4	1	7	8	5	6	3	2	9
8	2	3	7	1	9	5	6	4
9	6	8	3	7	1	4	5	2
2	5	4	9	6	8	1	7	3
7	3	1	2	4	5	8	9	6
6	4	9	5	8	3	2	1	7
3	8	2	1	9	7	6	4	5
1	7	5	6	2	4	9	3	8

160

5	2	4	6	7	1	8	3	9
8	7	1	3	5	9	4	6	2
6	3	9	8	4	2	1	7	5
3	5	2	7	9	8	6	4	1
4	1	6	5	2	3	7	9	8
7	9	8	4	1	6	5	2	3
9	8	7	2	6	5	3	1	4
1	6	5	9	3	4	2	8	7
2	4	3	1	8	7	9	5	6

161

8	2	3	5	1	9	4	6	7
7	9	5	6	4	2	8	1	3
4	1	6	7	8	3	5	2	9
6	3	7	8	2	5	9	4	1
5	4	2	1	9	7	3	8	6
1	8	9	3	6	4	7	5	2
9	6	8	4	3	1	2	7	5
3	7	4	2	5	6	1	9	8
2	5	1	9	7	8	6	3	4

162

6	5	4	3	1	7	9	8	2
2	7	8	5	4	9	1	3	6
9	3	1	2	6	8	7	4	5
1	6	3	8	7	2	4	5	9
7	2	9	6	5	4	8	1	3
8	4	5	9	3	1	2	6	7
3	8	7	4	9	6	5	2	1
5	1	2	7	8	3	6	9	4
4	9	6	1	2	5	3	7	8

163

1	5	6	7	8	3	2	4	9
8	3	2	9	1	4	7	5	6
7	9	4	2	6	5	1	3	8
2	7	1	4	9	8	5	6	3
3	6	8	5	2	1	4	9	7
5	4	9	6	3	7	8	1	2
9	8	3	1	4	2	6	7	5
6	1	7	8	5	9	3	2	4
4	2	5	3	7	6	9	8	1

164

5	8	4	6	7	9	3	2	1
6	1	7	3	2	8	9	4	5
9	2	3	5	1	4	6	7	8
3	4	6	2	8	5	7	1	9
8	9	1	7	4	6	5	3	2
7	5	2	9	3	1	8	6	4
1	3	8	4	5	7	2	9	6
4	7	9	8	6	2	1	5	3
2	6	5	1	9	3	4	8	7

165

2	4	3	8	7	9	5	6	1
7	5	6	4	1	3	8	9	2
8	9	1	6	5	2	3	4	7
5	7	8	2	9	1	6	3	4
1	2	4	5	3	6	9	7	8
3	6	9	7	4	8	2	1	5
4	8	2	9	6	7	1	5	3
9	1	7	3	8	5	4	2	6
6	3	5	1	2	4	7	8	9

166

8	1	9	7	3	4	6	2	5
5	4	2	9	1	6	8	3	7
3	6	7	8	2	5	9	4	1
7	9	6	2	8	1	3	5	4
4	2	8	5	9	3	1	7	6
1	5	3	6	4	7	2	9	8
2	3	1	4	5	8	7	6	9
9	7	5	1	6	2	4	8	3
6	8	4	3	7	9	5	1	2

167

4	6	9	2	8	5	1	3	7
7	2	3	1	9	6	4	8	5
1	5	8	7	3	4	6	9	2
6	8	7	9	5	1	3	2	4
9	1	4	3	7	2	8	5	6
5	3	2	6	4	8	9	7	1
8	7	5	4	1	3	2	6	9
3	4	6	5	2	9	7	1	8
2	9	1	8	6	7	5	4	3

168

1	2	5	4	9	8	3	6	7
8	9	7	3	1	6	5	2	4
3	4	6	5	7	2	8	9	1
5	7	4	2	6	9	1	8	3
2	3	1	7	8	5	6	4	9
6	8	9	1	4	3	2	7	5
9	5	3	8	2	7	4	1	6
7	1	2	6	3	4	9	5	8
4	6	8	9	5	1	7	3	2

169

7	9	1	8	3	5	4	6	2
6	8	3	2	9	4	7	5	1
5	2	4	7	6	1	9	8	3
1	4	2	9	8	6	3	7	5
3	7	9	4	5	2	6	1	8
8	6	5	3	1	7	2	4	9
9	1	7	6	2	8	5	3	4
4	3	8	5	7	9	1	2	6
2	5	6	1	4	3	8	9	7

170

9	8	5	2	4	3	1	6	7
3	4	6	7	1	8	2	5	9
7	2	1	9	5	6	3	4	8
6	7	4	3	9	2	5	8	1
1	3	9	6	8	5	4	7	2
2	5	8	4	7	1	9	3	6
4	9	3	8	2	7	6	1	5
5	6	7	1	3	9	8	2	4
8	1	2	5	6	4	7	9	3

171

6	8	5	7	3	4	2	1	9
1	4	9	5	2	8	3	7	6
2	3	7	1	9	6	8	4	5
9	6	1	8	7	2	5	3	4
7	5	8	9	4	3	6	2	1
4	2	3	6	5	1	9	8	7
3	7	6	4	8	5	1	9	2
5	9	2	3	1	7	4	6	8
8	1	4	2	6	9	7	5	3

172

5	6	2	1	8	9	4	7	3
9	3	7	4	5	6	1	8	2
1	4	8	3	7	2	6	9	5
2	1	3	8	6	5	9	4	7
6	8	5	9	4	7	2	3	1
4	7	9	2	3	1	5	6	8
3	2	4	5	9	8	7	1	6
8	5	6	7	1	4	3	2	9
7	9	1	6	2	3	8	5	4

173

9	7	6	2	4	3	8	5	1
3	2	1	7	5	8	9	4	6
5	4	8	1	9	6	7	2	3
8	9	2	6	3	7	5	1	4
6	5	7	8	1	4	2	3	9
1	3	4	5	2	9	6	7	8
7	1	3	9	8	2	4	6	5
2	8	5	4	6	1	3	9	7
4	6	9	3	7	5	1	8	2

174

7	2	5	4	9	8	3	6	1
4	8	6	1	3	5	2	7	9
3	9	1	6	7	2	8	5	4
9	7	2	3	5	1	6	4	8
1	5	4	2	8	6	7	9	3
8	6	3	9	4	7	5	1	2
6	4	7	8	1	3	9	2	5
2	3	9	5	6	4	1	8	7
5	1	8	7	2	9	4	3	6

175

5	1	6	9	4	3	8	7	2
8	7	4	1	2	6	3	9	5
2	9	3	8	5	7	6	4	1
6	4	2	5	3	9	7	1	8
3	8	9	7	6	1	5	2	4
1	5	7	2	8	4	9	3	6
9	2	8	3	1	5	4	6	7
7	6	1	4	9	8	2	5	3
4	3	5	6	7	2	1	8	9

176

7	8	9	3	2	5	1	4	6
4	3	1	8	9	6	2	7	5
6	2	5	1	4	7	3	8	9
5	1	7	4	3	8	6	9	2
9	4	3	2	6	1	7	5	8
2	6	8	7	5	9	4	1	3
8	9	4	6	1	2	5	3	7
1	7	6	5	8	3	9	2	4
3	5	2	9	7	4	8	6	1

177

7	9	8	2	4	6	3	5	1
2	6	5	1	3	9	8	4	7
4	1	3	7	8	5	6	2	9
3	5	9	8	1	4	7	6	2
8	2	6	5	9	7	1	3	4
1	4	7	3	6	2	9	8	5
6	7	4	9	5	3	2	1	8
5	8	2	6	7	1	4	9	3
9	3	1	4	2	8	5	7	6

178

1	4	6	2	7	8	5	3	9
8	3	2	5	9	6	7	4	1
5	9	7	4	3	1	2	6	8
4	5	8	9	1	2	3	7	6
7	6	9	3	4	5	1	8	2
3	2	1	8	6	7	4	9	5
6	1	4	7	5	9	8	2	3
2	7	5	6	8	3	9	1	4
9	8	3	1	2	4	6	5	7

179

4	1	7	5	9	6	3	2	8
2	6	5	7	3	8	4	1	9
8	3	9	2	4	1	7	6	5
6	5	2	9	7	3	1	8	4
1	9	4	8	6	2	5	7	3
7	8	3	1	5	4	6	9	2
9	4	8	6	1	5	2	3	7
5	2	6	3	8	7	9	4	1
3	7	1	4	2	9	8	5	6

180

3	9	1	4	7	8	6	2	5
4	5	8	3	6	2	7	1	9
7	2	6	5	9	1	3	8	4
1	8	4	9	2	6	5	3	7
2	6	3	7	4	5	8	9	1
5	7	9	8	1	3	2	4	6
8	1	5	6	3	9	4	7	2
9	3	7	2	5	4	1	6	8
6	4	2	1	8	7	9	5	3

181

7	1	6	5	4	9	8	3	2
2	5	9	6	8	3	4	1	7
3	4	8	7	2	1	5	6	9
9	7	4	2	5	6	1	8	3
1	8	2	3	9	4	6	7	5
6	3	5	1	7	8	2	9	4
4	6	1	9	3	5	7	2	8
5	2	3	8	6	7	9	4	1
8	9	7	4	1	2	3	5	6

182

1	2	5	3	4	7	8	9	6
7	4	9	1	8	6	5	3	2
3	8	6	2	9	5	7	1	4
9	1	8	4	7	2	3	6	5
2	6	4	5	3	8	1	7	9
5	7	3	9	6	1	2	4	8
8	3	2	6	1	4	9	5	7
4	9	7	8	5	3	6	2	1
6	5	1	7	2	9	4	8	3

183

4	3	8	9	6	1	2	7	5
6	2	1	7	3	5	9	8	4
7	9	5	4	8	2	3	6	1
9	6	3	5	4	8	7	1	2
2	5	4	1	7	6	8	9	3
8	1	7	3	2	9	5	4	6
1	4	2	8	9	3	6	5	7
3	7	9	6	5	4	1	2	8
5	8	6	2	1	7	4	3	9

184

3	9	2	1	7	6	8	5	4
4	7	5	3	9	8	6	2	1
1	8	6	5	2	4	7	3	9
6	1	4	2	3	9	5	7	8
7	3	8	4	5	1	2	9	6
2	5	9	8	6	7	1	4	3
9	6	3	7	8	5	4	1	2
5	2	1	6	4	3	9	8	7
8	4	7	9	1	2	3	6	5

185

8	4	3	5	2	1	6	7	9
6	7	1	8	9	3	4	2	5
5	9	2	7	6	4	3	1	8
4	1	8	3	5	6	7	9	2
9	6	5	2	4	7	8	3	1
3	2	7	9	1	8	5	6	4
1	8	6	4	7	2	9	5	3
7	5	4	1	3	9	2	8	6
2	3	9	6	8	5	1	4	7

186

8	6	4	5	1	2	3	7	9
9	5	1	4	3	7	6	8	2
2	3	7	9	8	6	1	4	5
3	9	6	8	5	4	2	1	7
1	2	8	7	6	9	4	5	3
7	4	5	1	2	3	9	6	8
6	8	2	3	7	1	5	9	4
5	1	9	2	4	8	7	3	6
4	7	3	6	9	5	8	2	1

187

1	6	2	3	8	9	7	5	4
3	7	9	4	6	5	2	8	1
8	4	5	2	1	7	6	9	3
5	2	6	7	9	3	4	1	8
4	1	3	5	2	8	9	7	6
7	9	8	1	4	6	3	2	5
6	3	7	8	5	2	1	4	9
2	5	1	9	3	4	8	6	7
9	8	4	6	7	1	5	3	2

188

9	8	1	3	7	2	5	4	6
7	3	4	6	8	5	9	2	1
2	6	5	9	4	1	7	8	3
6	4	3	7	5	9	8	1	2
5	7	8	2	1	6	3	9	4
1	2	9	4	3	8	6	5	7
4	5	2	8	6	7	1	3	9
3	1	6	5	9	4	2	7	8
8	9	7	1	2	3	4	6	5

189

4	1	5	2	3	7	9	8	6
2	3	9	1	8	6	7	4	5
8	7	6	4	9	5	2	1	3
1	8	3	6	2	9	4	5	7
6	4	7	5	1	8	3	2	9
9	5	2	7	4	3	1	6	8
5	9	4	8	7	2	6	3	1
3	2	8	9	6	1	5	7	4
7	6	1	3	5	4	8	9	2

190

5	7	8	4	1	2	3	6	9
1	6	3	7	8	9	2	4	5
2	4	9	6	5	3	1	8	7
6	1	2	3	9	7	8	5	4
4	8	5	2	6	1	7	9	3
3	9	7	8	4	5	6	1	2
9	2	1	5	7	8	4	3	6
7	5	6	1	3	4	9	2	8
8	3	4	9	2	6	5	7	1

191

1	2	5	6	7	4	9	3	8
9	7	8	1	3	2	5	6	4
4	6	3	8	9	5	1	7	2
2	8	4	3	5	6	7	9	1
6	9	1	4	8	7	3	2	5
5	3	7	2	1	9	4	8	6
7	5	2	9	6	1	8	4	3
8	4	9	5	2	3	6	1	7
3	1	6	7	4	8	2	5	9

192

6	7	1	5	8	3	2	9	4
2	3	5	9	1	4	6	7	8
8	9	4	2	6	7	3	1	5
3	1	8	4	7	5	9	6	2
5	4	9	6	2	1	8	3	7
7	2	6	8	3	9	4	5	1
9	6	2	1	5	8	7	4	3
1	8	7	3	4	6	5	2	9
4	5	3	7	9	2	1	8	6

193

2	9	5	8	7	4	1	6	3
8	3	4	1	9	6	7	5	2
7	1	6	2	3	5	4	8	9
1	5	9	6	8	2	3	7	4
4	7	8	9	1	3	6	2	5
3	6	2	5	4	7	9	1	8
9	8	3	7	5	1	2	4	6
6	4	1	3	2	8	5	9	7
5	2	7	4	6	9	8	3	1

194

6	5	1	2	8	3	7	4	9
8	3	7	4	9	1	6	2	5
2	4	9	7	6	5	8	3	1
5	8	4	3	1	2	9	6	7
3	1	6	9	7	8	4	5	2
7	9	2	5	4	6	3	1	8
9	2	8	1	3	4	5	7	6
1	7	3	6	5	9	2	8	4
4	6	5	8	2	7	1	9	3

195

8	1	7	2	5	6	4	3	9
5	2	4	3	9	7	6	8	1
3	9	6	8	4	1	7	2	5
1	7	9	6	2	8	3	5	4
6	3	5	7	1	4	2	9	8
2	4	8	5	3	9	1	6	7
7	6	2	1	8	5	9	4	3
4	8	3	9	7	2	5	1	6
9	5	1	4	6	3	8	7	2

196

1	7	2	4	8	9	6	5	3
3	9	4	6	5	7	1	8	2
5	6	8	1	2	3	9	4	7
6	8	3	7	4	1	2	9	5
9	2	5	3	6	8	4	7	1
7	4	1	5	9	2	3	6	8
8	3	7	9	1	4	5	2	6
2	5	9	8	3	6	7	1	4
4	1	6	2	7	5	8	3	9

197

4	2	7	3	6	9	5	8	1
8	3	6	1	5	2	9	7	4
5	9	1	4	7	8	2	3	6
7	5	9	6	8	3	1	4	2
3	1	2	9	4	7	6	5	8
6	4	8	5	2	1	7	9	3
2	6	4	8	9	5	3	1	7
1	7	5	2	3	4	8	6	9
9	8	3	7	1	6	4	2	5

198

1	3	8	7	5	6	4	9	2
2	5	9	8	1	4	3	6	7
7	6	4	3	2	9	8	1	5
9	7	6	1	8	2	5	4	3
3	8	5	4	9	7	1	2	6
4	1	2	5	6	3	9	7	8
5	4	1	2	7	8	6	3	9
6	2	3	9	4	5	7	8	1
8	9	7	6	3	1	2	5	4

199

4	7	2	6	1	9	3	8	5
8	9	6	2	3	5	7	4	1
3	1	5	8	7	4	6	9	2
2	3	7	4	8	6	5	1	9
5	4	9	1	2	3	8	7	6
6	8	1	5	9	7	2	3	4
9	2	3	7	5	1	4	6	8
1	5	4	3	6	8	9	2	7
7	6	8	9	4	2	1	5	3

200

9	7	1	2	3	8	4	6	5
6	4	8	7	1	5	2	3	9
3	2	5	9	6	4	8	7	1
7	5	9	4	8	2	3	1	6
2	1	3	6	5	9	7	8	4
4	8	6	3	7	1	5	9	2
8	9	4	1	2	7	6	5	3
5	6	2	8	9	3	1	4	7
1	3	7	5	4	6	9	2	8

201

2	9	7	8	6	4	5	3	1
6	8	4	3	5	1	2	9	7
5	3	1	7	2	9	4	8	6
9	6	2	5	7	8	1	4	3
7	5	8	4	1	3	6	2	9
1	4	3	2	9	6	7	5	8
8	2	9	1	4	7	3	6	5
4	7	6	9	3	5	8	1	2
3	1	5	6	8	2	9	7	4

202

7	3	4	9	1	5	2	6	8
8	6	1	2	3	7	9	5	4
2	5	9	6	8	4	3	7	1
4	1	7	8	9	6	5	3	2
5	8	3	4	7	2	6	1	9
6	9	2	1	5	3	8	4	7
3	4	6	7	2	8	1	9	5
9	7	8	5	6	1	4	2	3
1	2	5	3	4	9	7	8	6

203

9	3	4	8	7	1	5	6	2
6	8	1	4	2	5	3	7	9
7	5	2	9	6	3	8	4	1
3	4	7	2	5	9	1	8	6
5	1	6	7	8	4	2	9	3
2	9	8	1	3	6	4	5	7
1	2	5	6	4	7	9	3	8
4	6	9	3	1	8	7	2	5
8	7	3	5	9	2	6	1	4

204

8	1	2	5	3	7	4	9	6
9	7	5	6	2	4	1	8	3
6	4	3	9	8	1	2	5	7
3	2	4	1	7	9	8	6	5
5	8	9	3	6	2	7	1	4
7	6	1	4	5	8	9	3	2
1	9	6	2	4	3	5	7	8
4	5	7	8	1	6	3	2	9
2	3	8	7	9	5	6	4	1

205

4	5	8	6	2	1	3	7	9
7	2	1	9	4	3	6	8	5
3	9	6	8	7	5	1	4	2
1	6	7	4	8	2	9	5	3
9	3	5	1	6	7	4	2	8
2	8	4	5	3	9	7	6	1
5	4	3	2	1	6	8	9	7
8	1	2	7	9	4	5	3	6
6	7	9	3	5	8	2	1	4

206

8	2	9	3	4	1	6	5	7
1	4	7	6	5	9	8	2	3
3	6	5	8	2	7	4	9	1
2	3	8	5	9	4	1	7	6
9	7	1	2	6	3	5	8	4
6	5	4	7	1	8	2	3	9
7	9	2	4	8	6	3	1	5
4	8	3	1	7	5	9	6	2
5	1	6	9	3	2	7	4	8

207

2	5	6	4	3	7	1	8	9
1	9	7	2	5	8	4	3	6
4	8	3	1	6	9	5	7	2
8	1	2	6	4	3	7	9	5
6	7	4	9	2	5	8	1	3
5	3	9	8	7	1	6	2	4
3	4	1	7	9	6	2	5	8
7	2	5	3	8	4	9	6	1
9	6	8	5	1	2	3	4	7

208

9	7	1	6	8	5	2	4	3
5	8	2	3	7	4	1	9	6
6	4	3	9	2	1	5	7	8
4	1	9	7	6	3	8	2	5
8	5	6	2	1	9	4	3	7
3	2	7	4	5	8	6	1	9
1	3	5	8	9	2	7	6	4
2	6	4	5	3	7	9	8	1
7	9	8	1	4	6	3	5	2

209

1	8	5	9	4	7	6	2	3
4	9	3	2	6	5	7	8	1
2	6	7	1	3	8	4	5	9
8	3	9	7	1	2	5	4	6
7	5	2	4	9	6	1	3	8
6	4	1	5	8	3	2	9	7
9	2	4	8	7	1	3	6	5
3	1	8	6	5	4	9	7	2
5	7	6	3	2	9	8	1	4

210

4	5	7	9	1	2	6	3	8
8	1	3	4	5	6	7	9	2
6	2	9	3	7	8	5	4	1
3	9	2	7	6	1	8	5	4
7	6	8	5	9	4	1	2	3
1	4	5	2	8	3	9	7	6
9	3	6	8	4	7	2	1	5
5	8	4	1	2	9	3	6	7
2	7	1	6	3	5	4	8	9

211

8	1	9	4	6	3	5	2	7
6	2	7	8	5	1	3	9	4
3	5	4	7	9	2	1	8	6
1	8	6	9	3	5	7	4	2
9	4	3	2	1	7	8	6	5
2	7	5	6	8	4	9	1	3
5	3	2	1	4	8	6	7	9
7	9	8	5	2	6	4	3	1
4	6	1	3	7	9	2	5	8

212

6	2	3	4	8	9	1	7	5
7	8	9	6	1	5	4	2	3
4	5	1	3	2	7	9	8	6
5	3	8	2	9	4	7	6	1
2	9	6	1	7	8	5	3	4
1	4	7	5	3	6	8	9	2
9	1	2	8	5	3	6	4	7
3	7	4	9	6	1	2	5	8
8	6	5	7	4	2	3	1	9

213

6	3	7	4	2	9	5	1	8
2	8	9	7	5	1	3	4	6
4	5	1	6	8	3	9	2	7
5	9	6	8	4	7	1	3	2
3	2	4	1	6	5	7	8	9
7	1	8	3	9	2	6	5	4
1	4	3	9	7	8	2	6	5
9	6	2	5	1	4	8	7	3
8	7	5	2	3	6	4	9	1

214

1	3	9	7	5	8	4	6	2
2	6	5	3	1	4	8	9	7
4	8	7	2	6	9	5	3	1
6	4	2	9	8	5	7	1	3
5	7	1	4	3	6	9	2	8
3	9	8	1	7	2	6	5	4
9	5	3	8	2	7	1	4	6
8	1	4	6	9	3	2	7	5
7	2	6	5	4	1	3	8	9

215

2	7	6	8	4	1	3	5	9
3	5	1	7	9	2	4	8	6
8	9	4	3	5	6	1	7	2
5	1	3	9	2	8	6	4	7
4	2	7	6	1	5	9	3	8
6	8	9	4	3	7	5	2	1
9	6	5	2	8	3	7	1	4
7	3	8	1	6	4	2	9	5
1	4	2	5	7	9	8	6	3

216

9	7	4	1	5	6	8	2	3
6	8	1	3	7	2	9	5	4
5	2	3	8	4	9	1	7	6
1	6	8	7	2	3	5	4	9
2	5	7	9	8	4	3	6	1
3	4	9	5	6	1	2	8	7
4	3	6	2	1	5	7	9	8
7	1	2	6	9	8	4	3	5
8	9	5	4	3	7	6	1	2

217

4	3	7	1	6	2	9	8	5
9	5	2	4	3	8	7	6	1
1	6	8	9	5	7	4	2	3
5	9	3	6	8	4	2	1	7
7	4	1	5	2	9	8	3	6
8	2	6	3	7	1	5	4	9
2	1	5	7	4	6	3	9	8
3	8	9	2	1	5	6	7	4
6	7	4	8	9	3	1	5	2

218

5	7	1	9	8	2	4	6	3
6	3	4	1	5	7	2	9	8
9	2	8	6	3	4	5	7	1
1	8	3	5	7	9	6	4	2
4	5	7	8	2	6	3	1	9
2	9	6	3	4	1	7	8	5
8	1	5	7	6	3	9	2	4
3	6	2	4	9	8	1	5	7
7	4	9	2	1	5	8	3	6

219

2	6	7	4	3	8	9	5	1
3	4	9	1	2	5	6	8	7
5	8	1	6	7	9	4	3	2
6	9	5	7	8	1	3	2	4
4	7	3	5	6	2	8	1	9
1	2	8	9	4	3	5	7	6
7	1	6	3	5	4	2	9	8
8	5	4	2	9	7	1	6	3
9	3	2	8	1	6	7	4	5

220

7	1	9	6	3	8	4	5	2
8	3	2	4	7	5	1	9	6
5	6	4	9	2	1	7	3	8
3	9	7	2	6	4	8	1	5
4	5	8	3	1	7	2	6	9
1	2	6	5	8	9	3	7	4
6	8	3	7	9	2	5	4	1
2	7	5	1	4	6	9	8	3
9	4	1	8	5	3	6	2	7

221

3	7	8	5	9	4	1	2	6
2	5	9	1	3	6	8	4	7
4	6	1	7	8	2	5	9	3
5	8	6	4	2	7	9	3	1
7	4	3	9	1	8	6	5	2
9	1	2	3	6	5	4	7	8
6	3	4	2	5	1	7	8	9
8	9	7	6	4	3	2	1	5
1	2	5	8	7	9	3	6	4

222

1	8	9	5	3	2	7	6	4
4	2	6	7	1	8	3	5	9
5	3	7	4	9	6	8	1	2
3	7	2	8	6	1	9	4	5
6	5	1	9	7	4	2	8	3
8	9	4	2	5	3	1	7	6
9	4	8	1	2	5	6	3	7
7	1	3	6	4	9	5	2	8
2	6	5	3	8	7	4	9	1

223

2	9	1	6	3	4	8	7	5
8	5	7	2	1	9	3	4	6
6	4	3	5	8	7	1	9	2
1	7	4	9	2	8	6	5	3
3	8	5	7	6	1	9	2	4
9	2	6	3	4	5	7	8	1
5	1	2	8	9	6	4	3	7
4	3	8	1	7	2	5	6	9
7	6	9	4	5	3	2	1	8

224

5	7	3	4	9	2	1	6	8
9	4	2	1	6	8	7	3	5
8	1	6	5	3	7	9	2	4
6	2	9	8	5	1	3	4	7
4	3	1	6	7	9	5	8	2
7	8	5	2	4	3	6	9	1
3	9	8	7	1	4	2	5	6
2	5	7	3	8	6	4	1	9
1	6	4	9	2	5	8	7	3

225

2	4	3	6	7	8	9	5	1
9	8	6	4	5	1	7	2	3
5	1	7	3	2	9	8	4	6
4	7	8	9	1	3	5	6	2
6	3	2	5	4	7	1	8	9
1	9	5	8	6	2	3	7	4
3	2	9	7	8	4	6	1	5
7	5	4	1	3	6	2	9	8
8	6	1	2	9	5	4	3	7

226

3	8	5	9	1	4	2	6	7
2	4	9	8	7	6	1	3	5
7	1	6	5	3	2	9	4	8
6	2	7	4	9	5	8	1	3
4	5	1	3	2	8	7	9	6
8	9	3	7	6	1	5	2	4
1	3	2	6	5	7	4	8	9
9	7	8	2	4	3	6	5	1
5	6	4	1	8	9	3	7	2

227

5	4	9	6	1	2	7	8	3
7	1	8	5	3	4	2	9	6
6	3	2	7	9	8	5	4	1
2	9	1	8	4	3	6	5	7
8	5	6	2	7	1	4	3	9
3	7	4	9	6	5	1	2	8
1	2	5	3	8	6	9	7	4
9	6	3	4	2	7	8	1	5
4	8	7	1	5	9	3	6	2

228

1	4	6	3	2	8	9	7	5
7	8	2	9	6	5	4	1	3
3	9	5	4	7	1	8	6	2
6	3	9	8	4	2	1	5	7
4	5	8	1	3	7	2	9	6
2	1	7	5	9	6	3	8	4
8	2	1	6	5	3	7	4	9
5	7	4	2	8	9	6	3	1
9	6	3	7	1	4	5	2	8

229

5	2	3	6	1	4	7	9	8
8	1	4	7	2	9	6	3	5
9	6	7	5	3	8	2	1	4
3	4	2	1	7	5	9	8	6
7	5	9	8	4	6	1	2	3
6	8	1	3	9	2	4	5	7
2	3	6	4	5	1	8	7	9
4	9	5	2	8	7	3	6	1
1	7	8	9	6	3	5	4	2

230

3	9	8	4	7	1	5	2	6
6	1	4	2	5	8	3	9	7
7	2	5	6	9	3	8	4	1
1	4	9	5	6	7	2	8	3
2	6	3	8	1	4	9	7	5
8	5	7	9	3	2	1	6	4
5	7	2	1	8	6	4	3	9
9	8	6	3	4	5	7	1	2
4	3	1	7	2	9	6	5	8

231

8	6	9	2	1	3	4	5	7
7	5	2	4	6	9	3	8	1
4	1	3	8	5	7	9	2	6
9	8	5	1	3	4	7	6	2
3	4	6	7	8	2	5	1	9
1	2	7	5	9	6	8	3	4
2	7	1	3	4	5	6	9	8
5	9	8	6	7	1	2	4	3
6	3	4	9	2	8	1	7	5

232

8	7	5	1	2	3	9	6	4
4	2	9	7	6	5	1	8	3
6	1	3	4	8	9	2	5	7
3	6	2	5	7	8	4	1	9
1	5	4	6	9	2	3	7	8
7	9	8	3	1	4	5	2	6
9	8	6	2	3	1	7	4	5
2	4	7	9	5	6	8	3	1
5	3	1	8	4	7	6	9	2

233

2	1	6	7	5	9	4	3	8
3	4	9	8	2	1	7	6	5
7	5	8	6	4	3	2	9	1
5	6	4	3	1	7	9	8	2
9	8	7	2	6	5	1	4	3
1	2	3	9	8	4	5	7	6
4	9	2	5	3	6	8	1	7
8	3	1	4	7	2	6	5	9
6	7	5	1	9	8	3	2	4

234

6	8	9	2	7	1	4	3	5
3	2	7	8	4	5	6	9	1
1	4	5	3	9	6	2	7	8
9	6	2	1	5	8	3	4	7
7	1	4	6	3	9	8	5	2
5	3	8	7	2	4	9	1	6
4	9	6	5	1	2	7	8	3
2	7	1	9	8	3	5	6	4
8	5	3	4	6	7	1	2	9

235

7	6	3	2	5	9	4	1	8
2	5	4	8	1	3	7	6	9
9	8	1	4	7	6	2	3	5
5	4	7	1	8	2	6	9	3
3	1	6	5	9	7	8	2	4
8	9	2	6	3	4	1	5	7
6	2	8	9	4	5	3	7	1
4	3	5	7	2	1	9	8	6
1	7	9	3	6	8	5	4	2

236

5	2	4	3	9	7	1	6	8
9	7	6	8	5	1	3	4	2
8	3	1	6	2	4	7	9	5
4	6	2	9	3	5	8	1	7
3	9	7	2	1	8	4	5	6
1	5	8	7	4	6	9	2	3
7	8	5	1	6	9	2	3	4
6	1	3	4	8	2	5	7	9
2	4	9	5	7	3	6	8	1

237

2	7	5	4	8	9	3	6	1
9	3	8	1	7	6	2	4	5
6	4	1	5	2	3	9	8	7
7	1	2	6	5	4	8	9	3
4	9	6	8	3	7	5	1	2
5	8	3	2	9	1	4	7	6
8	5	4	7	1	2	6	3	9
1	2	9	3	6	8	7	5	4
3	6	7	9	4	5	1	2	8

238

3	4	5	6	9	7	1	2	8
8	1	6	4	3	2	9	7	5
2	7	9	8	1	5	4	3	6
4	9	1	7	6	8	2	5	3
7	5	3	9	2	4	8	6	1
6	2	8	3	5	1	7	9	4
5	6	4	2	8	9	3	1	7
1	8	2	5	7	3	6	4	9
9	3	7	1	4	6	5	8	2

239

6	9	2	4	3	8	7	1	5
5	7	3	6	1	9	4	8	2
8	4	1	7	2	5	3	9	6
9	2	7	8	6	1	5	3	4
4	8	5	2	9	3	6	7	1
3	1	6	5	7	4	8	2	9
1	6	9	3	5	7	2	4	8
7	5	8	9	4	2	1	6	3
2	3	4	1	8	6	9	5	7

240

8	1	9	3	4	6	2	7	5
6	4	2	1	7	5	3	8	9
5	3	7	2	9	8	4	6	1
9	7	8	5	3	1	6	2	4
4	2	1	8	6	7	9	5	3
3	5	6	9	2	4	8	1	7
2	6	3	7	1	9	5	4	8
1	8	4	6	5	3	7	9	2
7	9	5	4	8	2	1	3	6

241

4	8	6	5	1	7	2	9	3
1	7	3	9	6	2	4	8	5
5	9	2	4	3	8	7	1	6
3	2	9	6	8	1	5	7	4
7	5	1	3	2	4	9	6	8
6	4	8	7	9	5	1	3	2
2	1	7	8	5	6	3	4	9
9	6	4	2	7	3	8	5	1
8	3	5	1	4	9	6	2	7

242

4	2	1	7	9	6	5	8	3
9	6	3	2	5	8	1	4	7
8	5	7	1	4	3	9	6	2
2	4	5	9	7	1	6	3	8
3	1	9	8	6	4	2	7	5
7	8	6	3	2	5	4	9	1
1	7	2	4	3	9	8	5	6
6	3	4	5	8	2	7	1	9
5	9	8	6	1	7	3	2	4

243

2	6	9	1	5	3	8	4	7
1	4	7	8	6	9	2	5	3
8	5	3	7	2	4	1	9	6
3	8	5	2	1	7	4	6	9
7	9	1	4	8	6	3	2	5
4	2	6	3	9	5	7	8	1
6	7	2	9	4	1	5	3	8
5	3	4	6	7	8	9	1	2
9	1	8	5	3	2	6	7	4

244

7	3	8	2	9	5	1	6	4
5	9	6	7	4	1	8	2	3
4	2	1	8	6	3	7	9	5
3	4	9	5	2	8	6	1	7
6	7	2	3	1	4	5	8	9
1	8	5	9	7	6	3	4	2
9	1	7	6	3	2	4	5	8
8	6	3	4	5	9	2	7	1
2	5	4	1	8	7	9	3	6

245

8	7	2	1	4	9	5	6	3
6	5	3	8	2	7	4	1	9
1	4	9	5	6	3	7	2	8
3	9	6	2	7	4	8	5	1
2	8	4	3	1	5	9	7	6
5	1	7	9	8	6	3	4	2
7	6	8	4	3	1	2	9	5
4	3	5	6	9	2	1	8	7
9	2	1	7	5	8	6	3	4

246

8	3	9	6	4	1	7	5	2
4	1	6	7	5	2	9	3	8
7	2	5	8	3	9	6	4	1
9	5	8	2	1	6	4	7	3
2	7	4	5	8	3	1	6	9
1	6	3	4	9	7	8	2	5
6	8	7	9	2	5	3	1	4
5	9	1	3	6	4	2	8	7
3	4	2	1	7	8	5	9	6

247

3	1	2	4	9	7	8	5	6
6	7	5	2	3	8	9	1	4
4	8	9	5	6	1	7	3	2
9	2	7	6	4	5	1	8	3
8	4	6	9	1	3	2	7	5
5	3	1	8	7	2	6	4	9
2	5	4	7	8	9	3	6	1
1	6	8	3	2	4	5	9	7
7	9	3	1	5	6	4	2	8

248

2	3	1	8	5	9	7	4	6
9	5	6	1	7	4	2	8	3
8	7	4	2	6	3	5	1	9
6	8	3	4	1	7	9	2	5
4	9	5	3	8	2	6	7	1
7	1	2	6	9	5	8	3	4
5	4	9	7	3	8	1	6	2
1	2	7	9	4	6	3	5	8
3	6	8	5	2	1	4	9	7

249

4	9	5	7	2	1	8	3	6
2	1	8	6	5	3	7	9	4
7	6	3	4	9	8	1	2	5
8	4	1	5	3	9	6	7	2
9	5	2	1	7	6	4	8	3
6	3	7	8	4	2	9	5	1
5	8	9	2	6	4	3	1	7
3	2	4	9	1	7	5	6	8
1	7	6	3	8	5	2	4	9

250

3	4	7	9	5	6	1	8	2
1	6	8	4	2	7	3	9	5
5	9	2	3	8	1	6	4	7
7	8	9	6	1	2	5	3	4
6	1	4	5	7	3	9	2	8
2	5	3	8	4	9	7	1	6
8	3	6	2	9	5	4	7	1
9	2	1	7	6	4	8	5	3
4	7	5	1	3	8	2	6	9

251

8	2	7	9	6	5	3	1	4
5	4	1	8	7	3	2	9	6
3	6	9	1	4	2	7	8	5
7	8	5	4	3	1	6	2	9
2	1	6	7	5	9	4	3	8
4	9	3	6	2	8	5	7	1
9	3	4	2	1	6	8	5	7
6	5	8	3	9	7	1	4	2
1	7	2	5	8	4	9	6	3

252

8	1	7	5	9	2	4	3	6
9	4	6	8	3	1	5	2	7
5	3	2	6	7	4	9	8	1
1	5	8	4	2	6	7	9	3
3	2	9	7	1	8	6	5	4
6	7	4	9	5	3	8	1	2
2	6	5	3	4	9	1	7	8
4	9	3	1	8	7	2	6	5
7	8	1	2	6	5	3	4	9

253

2	1	7	5	9	3	4	8	6
4	9	8	2	6	7	5	1	3
5	6	3	4	1	8	7	9	2
6	5	1	7	3	9	2	4	8
7	2	4	8	5	1	3	6	9
8	3	9	6	2	4	1	7	5
9	7	2	1	8	5	6	3	4
3	4	6	9	7	2	8	5	1
1	8	5	3	4	6	9	2	7

254

8	4	9	2	1	6	3	7	5
6	1	7	3	8	5	9	2	4
2	5	3	7	4	9	6	8	1
9	8	1	4	5	2	7	3	6
3	2	6	9	7	1	4	5	8
5	7	4	6	3	8	1	9	2
7	3	5	1	2	4	8	6	9
1	9	8	5	6	3	2	4	7
4	6	2	8	9	7	5	1	3

255

3	9	2	7	6	5	4	8	1
7	5	6	8	1	4	9	3	2
4	8	1	9	3	2	6	7	5
8	1	9	6	5	7	2	4	3
6	3	7	2	4	9	5	1	8
2	4	5	1	8	3	7	6	9
9	2	8	3	7	6	1	5	4
1	7	4	5	2	8	3	9	6
5	6	3	4	9	1	8	2	7

256

4	8	5	7	9	6	3	2	1
7	3	6	2	8	1	5	9	4
9	2	1	3	5	4	6	7	8
5	7	9	1	4	8	2	6	3
1	4	2	9	6	3	8	5	7
3	6	8	5	2	7	4	1	9
2	1	3	4	7	5	9	8	6
8	5	4	6	1	9	7	3	2
6	9	7	8	3	2	1	4	5

257

7	1	9	8	4	6	5	3	2
2	3	4	9	5	7	1	6	8
8	6	5	3	2	1	7	9	4
3	4	7	1	8	9	6	2	5
1	9	6	2	3	5	4	8	7
5	2	8	7	6	4	3	1	9
4	5	1	6	9	8	2	7	3
9	7	2	4	1	3	8	5	6
6	8	3	5	7	2	9	4	1

258

8	9	2	5	3	4	6	1	7
1	3	7	2	9	6	8	4	5
5	6	4	8	7	1	2	3	9
4	7	8	9	1	2	5	6	3
3	2	1	7	6	5	9	8	4
6	5	9	4	8	3	7	2	1
2	8	5	1	4	9	3	7	6
7	1	6	3	5	8	4	9	2
9	4	3	6	2	7	1	5	8

259

2	9	6	8	3	5	7	1	4
1	4	5	9	7	6	2	3	8
8	7	3	4	2	1	5	9	6
6	8	7	3	9	4	1	5	2
9	3	2	1	5	8	4	6	7
5	1	4	2	6	7	3	8	9
3	6	9	5	4	2	8	7	1
7	2	8	6	1	3	9	4	5
4	5	1	7	8	9	6	2	3

260

8	1	7	3	2	6	5	4	9
5	2	9	1	8	4	3	7	6
6	4	3	5	9	7	8	2	1
4	5	1	2	6	3	7	9	8
9	8	6	7	4	1	2	3	5
3	7	2	9	5	8	6	1	4
2	9	4	8	3	5	1	6	7
7	3	5	6	1	9	4	8	2
1	6	8	4	7	2	9	5	3

261

3	2	1	5	9	7	8	4	6
5	9	8	2	6	4	3	1	7
4	7	6	8	1	3	9	2	5
6	8	4	3	2	1	7	5	9
9	1	3	7	5	6	2	8	4
7	5	2	4	8	9	6	3	1
2	4	7	9	3	5	1	6	8
8	6	5	1	7	2	4	9	3
1	3	9	6	4	8	5	7	2

262

8	6	4	3	9	1	5	2	7
9	1	2	8	5	7	4	3	6
5	7	3	6	4	2	8	9	1
2	4	9	7	1	8	3	6	5
3	8	1	2	6	5	9	7	4
7	5	6	9	3	4	1	8	2
4	9	8	5	7	6	2	1	3
1	3	7	4	2	9	6	5	8
6	2	5	1	8	3	7	4	9

263

2	6	7	5	9	8	4	1	3
5	3	8	6	4	1	7	9	2
9	1	4	7	3	2	8	6	5
4	2	9	8	7	5	6	3	1
6	8	5	3	1	4	2	7	9
1	7	3	2	6	9	5	4	8
7	5	1	4	2	3	9	8	6
8	9	6	1	5	7	3	2	4
3	4	2	9	8	6	1	5	7

264

5	7	4	2	1	3	8	6	9
3	8	6	7	5	9	2	1	4
9	1	2	8	4	6	7	5	3
6	3	8	4	2	7	5	9	1
1	2	9	5	3	8	6	4	7
7	4	5	6	9	1	3	2	8
8	9	7	1	6	5	4	3	2
4	6	3	9	8	2	1	7	5
2	5	1	3	7	4	9	8	6

265

1	2	9	3	7	6	8	5	4
6	3	4	8	2	5	7	1	9
8	5	7	9	4	1	3	6	2
5	6	3	2	8	9	1	4	7
2	7	8	1	5	4	6	9	3
4	9	1	7	6	3	5	2	8
9	8	6	5	3	2	4	7	1
7	1	5	4	9	8	2	3	6
3	4	2	6	1	7	9	8	5

266

1	7	4	8	9	6	2	5	3
6	3	2	4	7	5	1	9	8
5	8	9	2	3	1	6	7	4
9	2	1	6	4	3	5	8	7
7	5	3	9	2	8	4	6	1
8	4	6	5	1	7	3	2	9
4	9	8	1	6	2	7	3	5
3	6	5	7	8	4	9	1	2
2	1	7	3	5	9	8	4	6

267

6	1	2	8	7	5	9	4	3
7	8	5	4	3	9	2	6	1
3	4	9	1	2	6	5	7	8
4	6	7	9	8	2	1	3	5
8	5	1	3	6	4	7	2	9
9	2	3	7	5	1	4	8	6
2	9	6	5	4	8	3	1	7
5	7	4	6	1	3	8	9	2
1	3	8	2	9	7	6	5	4

268

2	7	5	6	8	1	9	3	4
8	6	9	3	4	5	2	7	1
1	3	4	7	2	9	8	6	5
4	1	6	9	5	2	3	8	7
5	2	8	1	7	3	4	9	6
3	9	7	8	6	4	1	5	2
9	5	1	2	3	7	6	4	8
7	8	2	4	9	6	5	1	3
6	4	3	5	1	8	7	2	9

269

2	6	3	7	5	4	9	1	8
4	8	5	1	9	6	2	3	7
1	7	9	3	8	2	5	6	4
5	4	2	8	6	3	1	7	9
8	1	6	9	7	5	4	2	3
3	9	7	2	4	1	8	5	6
6	3	4	5	1	8	7	9	2
7	2	1	4	3	9	6	8	5
9	5	8	6	2	7	3	4	1

270

4	6	3	8	1	5	2	9	7
1	9	8	7	4	2	3	5	6
7	2	5	3	6	9	8	4	1
6	4	9	1	7	3	5	8	2
8	1	2	4	5	6	7	3	9
5	3	7	9	2	8	1	6	4
9	5	1	6	8	7	4	2	3
2	7	6	5	3	4	9	1	8
3	8	4	2	9	1	6	7	5

271

9	5	8	4	1	7	6	3	2
4	7	6	2	5	3	9	8	1
3	2	1	8	9	6	4	5	7
5	3	9	7	6	2	1	4	8
8	6	2	3	4	1	5	7	9
7	1	4	9	8	5	3	2	6
1	4	7	6	3	8	2	9	5
2	9	5	1	7	4	8	6	3
6	8	3	5	2	9	7	1	4

272

2	4	7	1	5	9	3	6	8
6	8	9	7	2	3	5	4	1
1	5	3	6	4	8	9	7	2
9	2	8	5	3	6	7	1	4
4	6	1	9	7	2	8	5	3
3	7	5	4	8	1	6	2	9
5	9	4	8	1	7	2	3	6
7	3	6	2	9	4	1	8	5
8	1	2	3	6	5	4	9	7

273

5	2	1	4	7	8	9	6	3
3	7	6	1	9	5	8	4	2
4	8	9	6	2	3	1	7	5
9	6	3	5	1	7	2	8	4
2	1	7	9	8	4	3	5	6
8	4	5	2	3	6	7	9	1
7	5	8	3	6	2	4	1	9
1	3	4	7	5	9	6	2	8
6	9	2	8	4	1	5	3	7

274

7	6	8	3	9	1	4	2	5
4	1	3	7	5	2	8	9	6
5	9	2	4	6	8	7	1	3
1	5	6	8	2	4	9	3	7
8	7	9	1	3	6	5	4	2
3	2	4	9	7	5	6	8	1
2	4	7	6	8	3	1	5	9
9	3	1	5	4	7	2	6	8
6	8	5	2	1	9	3	7	4

275

2	6	3	4	1	7	9	8	5
9	7	8	6	5	2	4	1	3
4	5	1	9	3	8	6	2	7
7	4	6	8	9	5	1	3	2
5	1	2	3	4	6	8	7	9
8	3	9	7	2	1	5	4	6
1	9	4	2	6	3	7	5	8
6	2	7	5	8	4	3	9	1
3	8	5	1	7	9	2	6	4

276

3	8	9	4	5	6	1	7	2
4	2	7	3	1	9	5	8	6
6	5	1	2	7	8	3	9	4
5	3	4	6	9	1	8	2	7
2	7	8	5	3	4	6	1	9
9	1	6	7	8	2	4	3	5
1	4	2	8	6	7	9	5	3
7	9	3	1	4	5	2	6	8
8	6	5	9	2	3	7	4	1

277

8	7	9	6	3	1	4	5	2
1	4	3	5	7	2	6	8	9
2	5	6	9	8	4	7	3	1
3	8	1	4	5	9	2	7	6
9	6	7	3	2	8	1	4	5
4	2	5	1	6	7	3	9	8
6	3	4	2	9	5	8	1	7
7	9	2	8	1	3	5	6	4
5	1	8	7	4	6	9	2	3

278

9	2	1	3	8	7	4	6	5
8	3	4	5	9	6	1	7	2
5	6	7	1	4	2	3	9	8
1	9	8	7	3	4	5	2	6
7	4	2	8	6	5	9	1	3
6	5	3	2	1	9	8	4	7
2	7	9	4	5	8	6	3	1
4	1	5	6	7	3	2	8	9
3	8	6	9	2	1	7	5	4

279

7	9	6	8	3	5	4	1	2
5	4	8	6	2	1	7	3	9
3	2	1	4	9	7	5	8	6
4	3	9	2	6	8	1	7	5
2	8	7	5	1	3	9	6	4
6	1	5	7	4	9	3	2	8
9	6	3	1	5	2	8	4	7
8	5	2	3	7	4	6	9	1
1	7	4	9	8	6	2	5	3

280

1	5	6	8	7	4	3	2	9
4	7	8	9	2	3	5	6	1
3	2	9	1	5	6	8	4	7
7	3	5	4	9	1	2	8	6
8	4	2	3	6	7	1	9	5
9	6	1	5	8	2	4	7	3
6	8	3	7	4	5	9	1	2
2	1	4	6	3	9	7	5	8
5	9	7	2	1	8	6	3	4

281

5	4	6	2	8	1	9	7	3
2	8	7	9	6	3	1	4	5
1	9	3	5	4	7	8	2	6
7	5	4	8	1	2	6	3	9
8	2	1	6	3	9	4	5	7
6	3	9	4	7	5	2	1	8
9	1	5	7	2	6	3	8	4
4	7	2	3	9	8	5	6	1
3	6	8	1	5	4	7	9	2

282

2	9	3	7	6	5	1	8	4
7	4	1	8	2	3	9	6	5
5	8	6	9	1	4	3	2	7
3	2	4	6	5	7	8	9	1
1	5	9	2	3	8	4	7	6
6	7	8	4	9	1	2	5	3
9	6	7	3	4	2	5	1	8
4	1	2	5	8	6	7	3	9
8	3	5	1	7	9	6	4	2

283

3	8	5	1	7	4	6	9	2
4	7	2	9	5	6	1	3	8
6	1	9	8	3	2	7	4	5
2	4	3	6	1	5	8	7	9
5	6	1	7	9	8	3	2	4
7	9	8	4	2	3	5	6	1
1	5	7	2	6	9	4	8	3
9	3	4	5	8	7	2	1	6
8	2	6	3	4	1	9	5	7

284

1	9	6	8	2	3	7	4	5
3	4	2	5	9	7	8	1	6
5	7	8	1	4	6	2	3	9
6	2	3	9	5	4	1	7	8
4	1	5	3	7	8	9	6	2
7	8	9	6	1	2	4	5	3
2	3	7	4	8	5	6	9	1
8	5	1	7	6	9	3	2	4
9	6	4	2	3	1	5	8	7

285

6	7	4	1	8	9	2	5	3
2	5	3	6	7	4	8	9	1
9	1	8	3	2	5	7	4	6
8	9	6	5	1	7	3	2	4
7	3	5	2	4	6	1	8	9
4	2	1	8	9	3	6	7	5
5	8	2	4	3	1	9	6	7
1	4	7	9	6	8	5	3	2
3	6	9	7	5	2	4	1	8

286

5	6	4	2	8	9	1	7	3
1	2	7	3	6	4	8	9	5
3	9	8	7	5	1	2	4	6
7	8	6	5	4	3	9	1	2
2	4	5	1	9	7	6	3	8
9	1	3	6	2	8	7	5	4
8	3	2	9	1	5	4	6	7
4	5	1	8	7	6	3	2	9
6	7	9	4	3	2	5	8	1

287

7	8	2	3	6	5	4	1	9
9	5	6	1	2	4	8	3	7
1	3	4	9	8	7	6	5	2
8	1	7	4	3	2	5	9	6
6	2	5	7	9	8	3	4	1
4	9	3	5	1	6	7	2	8
3	7	9	8	4	1	2	6	5
2	4	8	6	5	9	1	7	3
5	6	1	2	7	3	9	8	4

288

8	6	1	9	7	5	4	2	3
7	9	2	8	3	4	5	6	1
4	5	3	6	1	2	9	7	8
9	8	5	2	4	1	7	3	6
2	3	4	7	6	9	8	1	5
6	1	7	5	8	3	2	4	9
3	4	9	1	2	8	6	5	7
1	7	8	4	5	6	3	9	2
5	2	6	3	9	7	1	8	4